生活因阅读而精彩

生活因阅读而精彩

是什么拖累了你的心

再苦别让心太累

雅　文◎编著

中国華僑出版社

图书在版编目(CIP)数据

是什么拖累了你的心 / 雅文编著.—北京：
中国华侨出版社，2011.10

ISBN 978-7-5113-1767-4

Ⅰ. ①是…　Ⅱ. ①雅…　Ⅲ. ①人生哲学-通俗读物
Ⅳ. ①B821-49

中国版本图书馆 CIP 数据核字(2011)第 194625 号

是什么拖累了你的心

编　　著 / 雅　文
责任编辑 / 李　晨
责任校对 / 孙　丽
经　　销 / 新华书店
开　　本 / 787×1092 毫米　1/16 开　印张/17　字数/249 千字
印　　刷 / 北京建泰印刷有限公司
版　　次 / 2011 年 12 月第 1 版　2012 年 9 月第 2 次印刷
书　　号 / ISBN 978-7-5113-1767-4
定　　价 / 29.80 元

中国华侨出版社　北京市朝阳区静安里 26 号通成达大厦 3 层　邮编：100028
法律顾问：陈鹰律师事务所
编辑部：(010)64443056　　64443979
发行部：(010)64443051　　传真：(010)64439708
网址：www.oveaschin.com
E-mail：oveaschin@sina.com

前言

QIANYAN

快节奏的现代化生活，给我们带来了许多物质上的享受，却也不时地在撩拨着我们的心弦，不时地扰乱着我们内心的平静。在人生的道路上，我们只顾不停地向前，不停地追寻，我们内心不时地会感到烦恼、焦虑、紧张、迷茫、彷徨、失落、懈怠、颓废……有时候会突然感到迷惑：不知忙忙碌碌究竟是为了什么？也不知生命为何如此沉重？总会不自觉地在得与失之间挣扎不止，在舍与弃之间犹豫不决，在不幸与挫折面前抱怨不止，在众多的选择中迷失自己……我们的心开始慢慢地感到疲惫、麻木，再也找不回当初的真我！

原本以为自己不停地忙碌，不停地追求、奔波，是可以得到更多的幸福、快乐的。然而，出乎我们意料的是，太多的忙碌不仅让我们丢失了幸福和快乐，而且让我们更加疲惫和沉重。对物欲的追求，对名利的渴望，看着别人的成功，想想自己的不幸，我们的内心总是笼罩着沉重的阴影，或抑郁孤独，或忌妒猜疑，或喜怒无常，或无端恐惧，或顾虑重重，或郁郁寡欢……不禁开始扪心自问：究竟是什么拖累了我们的心？

《是什么拖累了你的心》正是针对现代人所面临的这一问题,从生活中的实际出发,向人们阐述了生命中拖累我们内心的主要因素:无尽的贪念、心灵的狭隘、虚无的空念、内心的犹豫、过分的苛求、无用的抱怨。并结合一些富有哲理的小故事,融入作者个人的感悟,帮助读者找到自身的问题所在,帮助读者调整心态,调整看问题的角度,最终摆脱烦恼的困扰,获得快乐和幸福。

本书让你在忙碌的生活中找到休憩的港湾,让你在人生的长河中掌控自己的航舵,在烦恼的时候教你从容,在失意的时候让你振奋,在焦躁的时候获得平静,在失落的时候获得心灵的慰藉,在纠结的时候获得释怀,在迷茫的时候找到希望的灯火,让你远离生活中的一切扰乱我们内心的烦杂和喧嚣,领悟到生命的真谛,体味到我们周围切实存在的快乐和幸福,获得洒脱和惬意的人生!

希望本书能让在忙碌、烦躁的生活中打拼的你,得到一丝清凉,让你的生活不再充满忧虑,让你的人生焕发光辉,成为一个快乐、幸福的人!

目录

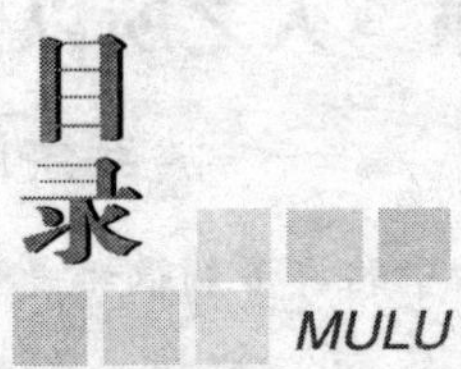

第一章　人之所以会心累，是因为欲望太多

——远离贪念，心无旁骛即是净土

人们总是会为“飞蛾扑火”而叹息，总是会为“鱼儿上钩”而遗憾，如果静下心来仔细想想：人心中的疲惫有多少是无尽的欲望带来的？

有句话说：“人心不足蛇吞象。”很多时候，人之所以不能心平气和地生活，不能体会到生活的快乐和幸福，是因为没有及时驱赶内心无止境的欲望，没有制止内心对外在物质的追求。如果你想要活得快乐、幸福，过得心安理得，就必须及时驱除内心的贪念，这也是获得自由人生的根本！

第二章　人之所以会烦恼，是因为计较太多

——放弃狭隘，给自己的心灵让路

生活中的许多烦恼都是因为内心过于计较产生的，如果我们能勇于放下过多的计较，以宽容的心态去面对一切，才能告别琐碎与平庸，才能不去钻牛角尖，才能不为了面子而耿耿于怀，才能不将那些微不足道的鸡毛蒜皮的小事放在心上，才能笑看名与利、得与失。

不计较，就是给自己的心灵上了一道防护线，使自己不主动去制造烦恼。即便真是听到一些负面的信息，遇到一些不愉快的事情，也会泰然处之，不会因一时的损失而不知所措。

第三章　人之所以会失落，是因为空念太多

——活在当下，梦里忧欢终枉然

漫漫人生路上的时光仅仅只有三天：昨天、今天、明天。昨天早已过眼云烟，一去不复返，再如何悔恨也无济于事，所以我们不必为过去的痛苦而失去现在的心情；明天会怎样还是个未知数，可望而不可即，再怎么忧虑、惶惶不可终日，也不过是自己的空念。只有今天，今天的心、今天的事与今天的人，是实实在在摆在我们面前的，也只有认真过好现在的时光，抓住现在的快乐，才能够收获快乐的人生。

第四章　人之所以会纠结，是因为犹豫太多

——学会放手，一念放下万般自在

人生最大的痛苦莫过于徘徊在坚持和放弃之间，因为取舍不定，所以心灵会备受煎熬。

其实，对于不属于自己的东西，抓不住的情感，触不到的追求，我们完全可以放手，这样才能让自己从犹豫不决的痛苦中解脱。

放弃和坚持也只在一念之间，果断地做出决定，坚持该坚持的，放弃该放弃的，才能彻底斩断内心的纠结，才会活得更洒脱，重新获得一个全新的自己，找到自己的心灵归宿。

第五章 人之所以不满足，是因为苛求太多

——追求简约，柴米油盐随遇而安

金无足赤，人无完人，世间一切事物都是有缺憾的，如果我们总是对诸多的不公平不依不饶，事事都较真，都苛求完美，那么内心一定会感到疲惫不堪。

只有以冷静、宽容、积极、平和的心态去对待不平之事，事事都追求简约，才能够活得从容、快乐！

第六章　人之所以会抱怨，是因为不懂感恩

——失之坦然，用微笑将痛苦掩埋

“祸兮福所倚，福兮祸所伏”，任何事物都有两面性。很多时候，我们之所以会过于沉浸在不幸、挫折和磨难的悲伤中，之所以会对它们心存怨恨，是因为我们没有转换自己的心态，看到事物积极的一面，不懂得感恩。

一个人只有心存感恩，才能看到苦难和折磨背后所隐藏的机遇与感动，才能珍视挫折、磨难，才能将之转化为前进的动力，才能使自己在坚强中收获成功的果实。只有心存感激，才能坦然面对生活中的得与失，让自己的人生更为洒脱、快乐！

第七章 人之所以不幸福，是因为不懂忘记

——淡忘曾经，人生看得几清明

在生活中，我们时常强调"记住"的好处，却忽略了"忘记"的功能与必要性。"忘记"是上天赐予我们洗涤心灵的特殊礼物！对于生活中的种种不快、扰乱我们内心的烦恼，我们都可以选择"忘记"。

"忘记"了过去，就意味着为自己拆掉了一颗扰乱平静心灵的"定时炸弹"，"忘记"可以让我们避开痛楚，让我们享受到未来的快乐阳光，让我们获得心灵的解脱，让我们自由抒写更为洒脱的人生！

第八章　人之所以不甘心，是因为不够淡然

——宠辱不惊，笑看庭前花开花落

“宠辱不惊，笑看庭前花开花落”是先哲一种淡然心境的真实写照。淡然不是淡漠，不是一种消极的处世思想，是阅尽沧桑后的醒悟，是了然于胸的大度，是“不以物喜，不以己悲”的超脱。它虽然不是生命旋律中绚丽的华章，却是生命中不可缺少的生活底色。

如果我们能够以淡然的心境体会世间的一切得失，以一颗平常心去感受生活，便可以获得一份静谧而优雅的心境，脱离心中的一切不甘，最终获得无比洒脱的人生！

第九章 人之所以会迷惘，是因为丢了梦想

——敞开心境，收获希望的阳光

每个人都有对前路感到茫然的时刻，周遭骤然变得晦暗起来，人也开始畏缩，迟疑着不敢向前踏进一步。这时候，我们只需敞开心扉，重新找回那遗失的梦想，心灯就会骤然亮起，一切便可以恢复正常，乐观与自信可以再度鞭策我们一路向前。

其实，任何人、任何事都可以是照亮你心灵的一盏明灯，适时适地地映照着你前进的步伐，给予你不停向前行动的决心与勇气。

第一章 人之所以会心累，是因为欲望太多

——远离贪念，心无旁骛即是净土

人们总是会为『飞蛾扑火』而叹息，总是会为『鱼儿上钩』而遗憾，如果静下心来仔细想想：人心中的疲惫有多少是无尽的欲望带来的？

有句话说：『人心不足蛇吞象。』很多时候，人之所以不能心平气和地生活，不能体会到生活的快乐和幸福，是因为没有及时驱赶内心无止境的欲望，没有制止内心对外在物质的追求。如果你想要活得快乐、幸福，过得心安理得，就必须及时驱除内心的贪念，这也是获得自由人生的根本！

1 欲望是烦恼的根源

欲望是内心不清净的根源，欲望多的人，贪心就重，也很容易患得患失。为此，他们的内心必然会产生诸多的冲突与矛盾，而冲突和矛盾会将人置于不断的焦虑与烦恼之中。

有这样一个故事：

有一位老妇人每天都唉声叹气的，感到很烦恼。一位智者问她为何每天都心情极其沮丧，她就说："我有两个女儿，大女儿嫁给了一个开洗衣作坊的人，二女儿嫁给卖雨伞的。到天气下雨的时候我就为我开洗衣坊的女儿担心，担心她的衣服晾不干；到晴天的时候我担心我那卖雨伞的女儿，怕她的雨伞卖不出去。"

智者闻言，对她说道："您这是在自寻烦恼。其实，您的福气很好，下雨天，您二女儿家顾客盈门；天晴时，你大女儿家生意兴隆。对于您来说，哪一天都有好消息呀！您没必要天天烦恼呀！"

老太太听了这样的话，心里便轻松了一些。

人生本没有烦恼，所有的烦恼都是由人内心的欲望所生！老妇人由于贪求太多，想在下雨天让大女儿的生意好起来，想在天晴时让二女儿的生意也好起来，所以才烦恼不止。最终，在智者的开导下，她放下了心中的欲望，那一刻的她烦恼减少了很多，心里也感到了轻松。

每个人可能都有这样的体会：当我们在年少的时候，因为无所求，所以会感到轻松、快乐。成年后，因为要面对太多的世事和诱惑，心中的欲望就越来越多，为了满足自己，我们每天都在不停地捡拾，自以为装进去的都是好东西，殊不知捡起来的恰恰是无尽的烦恼。慢慢地，我们心中承受的东西越来越多，想拥有钱财、美色、饮食，想拥有权力、名望……凡是触及到我们生活的东西，我们都想拥有，而这些欲望一旦得不到满足之时，我们的内心就会变得沉重，心里塞满了烦恼，快乐自然也就消失了。所以说，欲望是一切烦恼的根源，只有杜绝了心中的欲望，一切烦恼才会消失。

可能有人会说，如果完全没有欲望，人类如何进步呢？的确，欲望是人类进步的原始动力，如果没有欲望，也就没有人类的今天。所以，我们也不能因为欲望能产生烦恼，就“存天理，灭人欲”，关键是我们如何控制好自身的欲望，使欲望既合理存在，又能减少我们心中的烦恼。那么，我们应如何去做呢？

要使欲望对我们发挥更为积极的作用，一定要控制好欲望的“度”，不应把目标定得太高。我们自小可能都受这样的一种教育理念影响：“王侯将相宁有种乎？”“不想当元帅的士兵不是好士兵。”其实，这些话作为励志教育很好，但作为人生的目标明显有些太“过”，王侯将相、元帅等，世上能有几人？大千世界还是普通人占大多数。如果目标定得过高，好高骛远，一旦实现不了，烦恼自然就来了。

同时，我们也要把握好实现自身欲望的手段。实现欲望的手段一定要是正确的，要以不侵犯大多数人的利益为前提。否则，你要满足欲望所遇到的阻力自然就会多出很多，烦恼也必然会多出许多。

另外，在实现自身欲望的过程中要懂得分享。一个不懂得与他人分享的人，在成功之路上是走不远的。因为一个人再有能力，总不能囊括天下所有事情，做起事情自然会因负累太多而失败。在很多情况下，分享成果的过程，也是让他人为你分担烦恼的过程。所以，不管在任何时候，一定要懂得分享。

所谓欲望烦恼产生的根源，没有欲望，也就没有烦恼，这话的确是真的。但是作为一个凡夫俗子，生活中或多或少都会有欲望，但是只要我们把握好欲望的"度"，才不至于使自己的内心负累太多。

2 心多贪念，必成羁绊

在生活中，我们之所以放不下，就是因为心中存有太多的杂念，这些杂念时时刻刻束缚着我们的内心，同时也束缚了我们的生活。可以试想：如果我们的内心一直处于十分平静的状态，杂念和烦恼自然也就无安身之地，这样我们才能更容易地排除外物的诱惑，才能将事情进展得更为顺利。

但是，生活中却有很少的人才能够达到这种境界，因为世间总有不尽的诱惑在缠绕着我们，束缚着我们的内心，最终也不能将事情进展得更为顺利。然后，再生出烦恼，再将事情弄糟……如此地恶性循环，于是抱怨、愤怒、嫉恨等一些负面的情绪就继而不断地缠绕着你，你的生活自然也没有什么快乐而言了。当你真正静下心来细细思考的时候，就会明白，其实干扰你的并非是外界环境，而是那颗不安的心。

从前有一户穷苦人家，住在深山中。

有一天，母亲要求 16 岁的儿子到山下去打些油回来。在离开之前，母亲就递给儿子一个大碗，并不时地嘱托他："你一定要小心，我们最近经济真的很紧张，你绝对不能把油给洒出来。”

儿子小心地应和着，很长时间才来到山下母亲指定的店里买油，儿子心想：下山一次太不容易了，不如多打点回去，只要自己走路小心点，一定会安然地把油端回家中的。于是，他就让油店伙计把他的碗全部都装满了油。儿子就小心翼翼地端着装满油的大碗，一步步地走在山路上，不敢左顾右盼。十分不幸的是，他在快到庙门口村里的时候，由于内心的紧张没有看前行的路，一下子踩进了一个小坑中。虽然没有摔倒，但碗里的油却洒掉了三分之一。儿子十分懊恼，而且紧张得手都开始发抖，无法将碗端稳。回到家里后，油却洒掉了一半。母亲看到装油的碗时，感到有些生气，对儿子不客气地说：“不是说好让你小心点吗？为何还是洒了这么多油，白白浪费了那么多钱！”儿子心中十分难过。

这时候，爸爸听到了，闻声来了解情况。随后，他就不停地安慰儿子，并私下里对儿子说：“我再派你去买一次油，这次你只要买些油回来，只装一半就可以了，并且我要你在回来的途中，多观察你周围的人与事，并且回来后跟我报告。”

儿子又勉强下山了，但是他这次心中不再紧张，因为他想只有半碗油，无论如何也洒不掉的，于是心情极为轻松。也就在回家的途中，他也才发现路上的风景真的很美。远方翠绿的山峰，又有农夫在田中唱歌。一会儿，又看到路旁边的一群小孩子在路边玩得十分开心，而且还有一群小狗卧在那儿晒太阳。儿子就这样一边走一边看风景，不知不觉地就回到了家中。当儿子把油交给父亲时，才发现碗里的油装得好好的，一滴都没有损失掉。

一切烦恼皆由心生，就像这位打油的儿子一样，第一次由于油装得太多，所以心存顾虑，做事缩手缩脚，放不开，最后反而将油弄洒了。到后来，由于油装得少，所以才放下了心中的顾虑，轻松地完成了任务。所以，在生活中，我们一定不要有太多的贪念，这样才不至于生出太多的烦恼，来束缚我们的快乐生活。

我们生活中的许多烦恼和忧虑皆是由于我们内心感受对外界事物的一种投射而已，如果我们能够日日更新、时时自省，就会摆脱世俗的困扰，清除心灵的尘埃。智慧的人是能够体悟到万物皆空的道理的，这种万物皆空并不是消极悲观的虚无，而是没有执著，没有牵挂，坦荡磊落，广大自在的一种心境。如果我们把生活中的物欲横流看作是镜中花水中月，便会觉得世间也没有什么可求可恋，你的心灵和人生也就没有了所谓的障碍、痛苦和烦恼，你的心灵也就能够达到一种完美清净的境界。

有一刚出家的佛门弟子，平时十分刻苦，终日打坐，想成为禅僧。

他的师父发现后，便问道："你为何要终日打坐？"

弟子答道："我要成为禅僧。"

师父听罢，微微一笑，说："你打坐的目的就是为了成为禅僧吗？"

弟子回答道："是的。您不是经常教导我们说，打坐可以守住最容易迷失的心，可以以清净之心来看待周围的一切事物，终将可以成为禅僧吗？"

师父说："你错了，你心中带有欲望去打坐，如何才能以清净之心来看待周围的一切事物呢？你这样打坐只是在折腾自己的身体，根本不会成为禅僧。"

弟子越听越糊涂，迷惑地望着师父。师父这样说道："要成为禅僧并不是让你整日像木头一样地死坐着，而是心情要达到一种极度的宁静状态。你带着目的去参禅打坐，内心只会散乱，我们的心灵本来就是清净安宁的，你受到了外界的这些物象的迷惑与困扰，便会如同明镜上面蒙上了灰尘一样，最终不仅不能成为禅僧，而且还会在不知不觉中愚昧地迷失了自我。"

由此可见，心多贪念，必成羁绊。就像故事中的小和尚，如果你总是带着一定的功利目的去做事情，心最终会被拖累，最终你也极难达到自己的目标。

所以，在生活中，如果我们时常能够摒弃一切贪杂，以一颗平静之心去看待周围的事物，就能够使自己的心灵达到完美、清净的境界。

③ 欲望越多，心灵负担越重

我们通常说的“地狱”在哪里呢？其实，它就在人的内心之中。在茫茫尘世中，人的欲望越多，越难满足，心灵深处的不安和愤怒之火就会越旺盛，最终会将自己推向地狱的深渊。

惠兰是一个都市白领，高学历，高收入，人长得十分漂亮，身材也很好。每天上班她都会有着不同风格的打扮，时髦得体的她，赢得了周围所有同事的称赞。在一片赞扬声中，她的虚荣心越发膨胀起来，为了更引人注目，为了讲求品位，她不惜花大笔的钱去购买名贵时尚的珠宝、名牌服装、高档箱包……她的收入毕竟有限，对时尚物质追求的强烈欲望，已经让她负债累累。

有一次，在与朋友聊天的过程中，惠兰说自己其实活得很累，别人看到的只是她一个光鲜亮丽的外表，但是她的内心已经疲惫不堪。她也反省过自己，超负荷地购买名牌物品似乎也没让自己真正开心过，她也想快乐起来，但是，这种欲望却让她欲罢不能。

由于内心的负担过重，原本漂亮的惠兰也变得憔悴了许多，对生活失去了乐趣，对工作也丧失了兴趣，时常唉声叹气，人也变得悲观厌世。她甚至不知道自己该如何是好……

收入颇高的惠兰本应该过得很轻松、很快乐的，但是就是因为心中越来越多的欲望让她的心灵承载了太多的负担，也让她丝毫品尝不到轻松和快乐的滋味。其实，她本人已经很漂亮了，何必要用那些外在的名贵物品去刻意地装饰自己呢！

在现代都市中，我们很容易被太多的欲望牵着走，得到了一段美好的感情，又想拥有一个美满的家庭，随即又想有一个可爱的孩子，又想拥有一份成功的事业……这些无止境的欲望，使我们的心灵承载了太多的负担，永远没有停歇下来的时候。"累！累！累！"，成了我们呼之欲出的口头语。我们只是在欲望的深渊中挣扎不止，不知何时才能解脱！

有些人可能会说，那些喊"累"的人是因为欲望太大了，而我对生活的要求很低，但是为何还会感到累呢？下面的一则故事将会告诉你答案。

在课堂上，一位哲学老师拿起一杯水，然后就问她的学生："各位认为这杯水有多重呢？"有的学生说有50克，也有的说有100克。

"是的，它仅仅只有100克——那么，你们可以将这杯水端在手中能一直持续多久呢？"老师又问道。很多人都笑了，心想：100克而已，拿多久又会怎么样！"

老师没有笑，他接着说："拿一分钟，大家肯定会觉得没有问题；如果拿一个小时，大家可能会觉得手酸；如果让你拿一天，甚至拿一个星期呢？那可能得叫救护车了。"大家都笑了。

老师又继续说道："其实这杯水的重量是很轻的，但是当你拿得久了，就会觉得沉重无比。这就如同我们内心不断积聚的小小的欲望，不管它有多小，时间一久，终也将会成为你心灵的沉重负累。"

如果我们能适时地放下水杯，休息一下后再拿起，才能持续得更久。所以，我们也要适时地放下自己心中的欲望，让自己的心灵能有时间好好地休息一下，如此才能让自己活得更长久些。

正如故事中所说的：不管你的欲望有多小，随着时间的堆积，它也会成为我们心灵的负累。所以，不管在任何时候，我们都要适时地放松自己，才能让自己走得更远。这就如同一张拉开弦的弓，绷得太紧就容易断，只有恰到好处，箭才能飞得更高更远，最终射中目标。人生旅途中，也需要我们不时地放下一次背上不需要的包袱，轻装上阵，只有这样，我们才能让自己走得更远。

哲学家说："眼睛不要睁得太大，且问，百年以后，哪一样是你的？"是的，我们每个人苦苦追寻的东西，到最终又有哪一样才是属于自己的呢？而只有心灵的快乐与轻松才是生命的真谛，才能让我们生命恒久地拥有。也就是说，心灵是称量我们生命的天平。

心中多一份悲伤，生命就会多一份痛苦；心中多一点阳光，生命就会多一些快乐。心灵的负担越重，生命的脚步就越慢，以致最终因不堪重负而停止，所以，我们要多多放下心中的欲望，不要让心灵承载太多的负累，最终才能让自己获得恒久的快乐。

4 人痛苦是在于去追求错误的东西

人之所以痛苦，很大程度上就在于去追求错误的东西。

那么，什么是“错误的东西”呢？错误的东西就是本不该属于自己的、超乎自己能力以外的东西。去追求超乎自己能力以外的东西，一定会感到心累，痛苦也就会随之而来。比如，一个贫穷的人想要得到奢华的住房、名贵的汽车，但是，他本身又没有足够的金钱、足够的能力去达成这些目标，现实与理想就产生了落差，内心就有了矛盾，烦恼和痛苦就会如影随形。

在生活中，我们一定要去追求真正属于自己的东西，追求自己能力所及的东西，这样才能使内心获得真正的平静与快乐。

有一位有名的作家，每天都觉得自己活得很累，总静不下心来去进行创作。于是，他就向一位智者求教。

作家问道：“我不明白，为什么在成功后觉得自己越来越忙碌，越来越觉得心累呢？”

智者问道：“你每天都在忙些什么呢？”

作家回答：“我一天到晚都在忙着应酬，到处做演讲，接受各种媒体的采访……这些事情使我心情烦躁，写作已经成为我的一种负担。我觉得自己太辛苦了，心也很累。”

智者转身打开身后的衣柜，对作家说：“在这一生中，我收藏了许多漂亮的衣物，你试着将它们穿上，就能知道自己为什么会感到心累了。”

作家疑惑地说:“我身上穿有衣服,你的这些衣服未必适合我呀！如果我将这些衣物都穿在身上,一定会沉重,会难受的。”

智者回答:“你也明白其中的道理,又为何要来问我呢？”

作家感到莫名其妙,就又随口问道:“您所说的话,我有点不太明白,您能说得更明确一点吗？”

智者答道:“你身上的衣服已经足够，倘若让你穿上更多漂亮的衣服,你会觉得沉重无比。你只是一个作家,为何要去做一些交际家、演讲家要做的事情呢？这不是自讨苦吃吗？”

作家顿悟道:“每个人去追求只属于自己的东西,做一些自己应该做的事情,这样才能得到轻松和快乐啊！”

从此以后,作家就辞去了不必要的职务,推却了不必要的应酬,潜心写作,并最终达到了人生创作的高峰,并且再也没有感到过疲惫和烦躁,生活变得轻松和快乐了许多。

生活中,每个人都有自己的追求和欲望,从辩证的角度看,有欲望、有追求并非完全是一件坏事,因为欲望和追求可以激发人的潜能,能够推动我们不停地向前行。但是,欲望如火,可以取暖,亦可以毁人,我们一定要掌握好理智与欲望之间的平衡关系,而不要让欲望成为我们内心的负担。要知道，在很多时候你所追求的东西并不一定是自己真正能够得到的东西，也并不一定是自己心灵深处所真正需要的东西，如果自己盲目去追求,必然会被其所累。

“今日的执著,终会造成明日的后悔”,如果你执著于错误的东西,内心将无法得到长久的平静,也无法获得长久的快乐。

有这样一则笑话:

一个男子到一家婚姻介绍所,进了大门以后,迎面就看到两扇小门,一扇门上写着“美丽的”,另一扇写着“不太美丽的”。男人就想,里面一定有许多绝色美女,并不停地幻想那些绝色美女的模样,并随后推开“美丽的”门。推开后,远处又出现两扇门。一扇门上面写着“年轻”的,另一扇写着“不太年轻”的。男人又开始不停地幻想,并不停地向前走,又推开那扇“年轻”的门。这样一路走下去,男人先后推开了九道门,内心不停地在幻想,并且还累得气喘吁吁,最终当他推开最后一道门时,门上又写着一行字:您还是到天上去找吧!

虽是笑话,但是也说明了一个道理,他所追求的东西是错误的,人间根本不存在的,即便把自己累得气喘吁吁也无法达到目的。芸芸众生中,有多少人何尝不是像这个年轻人一样,因为执著于去追求一些错误的东西,才让自己的心灵多了些额外的负累呢?

如果你现在明白了这一点,就要勇于放弃一些负累你心灵的东西,这样你的人生才会获得真正的快乐。

5 心智才是生命的本态

哲学家说:“一个人的内心净化了,他的生命便也净化了。”这就是说,心智才是生命的本态,一个人保持快乐的心境,要比拥有家财万贯要有福气得多。

然而,在生活中,很多人贪念太多,在不知不觉中迷失了方向,一心去追求外在的物质,忽视了内心的感受,直到临终时才后悔莫及。

从前，有一个富有的人，他一生娶了四位夫人，他最宠爱他的四夫人，终日与她恩恩爱爱，从来不离不弃；其次疼爱的是三夫人，因为三夫人很有魅力；再者就是二夫人，因为当初在贫困的时候，与二夫人很是恩爱，但是到了富贵后就将之淡忘了。富人最不关心的还是他的元配夫人，他对这位夫人从未重视过，只让其在家做家务，像仆人一样要求她干粗活。

后来这位富人得了不治之症。临终前，他将四位夫人叫到身边，说道："四夫人，我平常最疼爱你，时刻也离不开你，现在我已活不多久了，我死了以后太孤单了，财产妻儿虽多，但是我只想带你走，你陪我一起死，好吗？"

四夫人听到此话，面容顿时失色，惊叫道："你怎么能这样想？你年纪大了，要死是当然的，可我还年轻，你死后，我还要好好地活下去呢！"

富人听到这话，深深地叹了一口气，就又把三夫人叫过来，仍照对四夫人说过的话向她提出要求。

三夫人一听，吓得身体直发抖，连忙道："这怎么可能呢？我还年轻，我不想这么早就随你去，我还想嫁人幸福地生活下去呢！"

富人又深深地叹了一口气，摆摆手，命三夫人退去。将二夫人叫过来，希望二夫人能陪他一起死。

二夫人听罢，连忙摆手道："不可！不可！我怎么能陪你去死呢？四夫人与三夫人平时什么事情都不肯做，而我必须得管理家中的事情，所以不能陪你死。不过，你死后，我会把你送到坟场的！"

富人听到此，难过得眼泪掉了下来，没想到自己平生最爱的几位夫人，却对自己这样。

最后，他又将平时最不关心的大夫人叫到跟前，对他说："我生前冷落你，真是对不起你，但现在我一个人死去，在黄泉路上太孤单了，你肯陪我一起去吗？"

大夫人听此，并没惊慌，反而很庄重地答道："嫁夫随夫，现在你要去世了，做妻子的如何能活下去呢，不如与你一同死的好！"

"你愿意陪我一起死？"富人十分惊讶，但也十分感慨，他说道："唉！早知你对我如此忠心，我也不会时常冷落你了。我平日里对四夫人、三夫人爱护得比自己的命还重要，对二夫人也不薄，但是到今天，她们却忘恩负义，当我死的时候，还如此狠心。想不到平时我没能重视你，你反倒愿意同我一起死去。"富人说完，就与大夫人一同死去了。

这是一个极为精彩、有意义的故事，故事中的四夫人，就如同我们外在的身体。在生活中，我们都喜欢把自己打扮得漂漂亮亮的，到死的时候才知道漂亮的外面终究是一场空。要改嫁的三夫人，就好比人一生为之追求的财富，生前拥有再多的财富，到最终也带不走，终究是要留给活着的人的。二夫人就是我们在穷困时才能想起的亲戚和朋友，他们由于还有太多的尘事未了，在你临终的时候，只会去送你一程。而平时从未重视过的大夫人，实则就是指我们的内心，到生命的尽头也只有它才能跟着我们走进坟墓。由此可知，自己的内心才是生命的本态，它才是我们生命中最为珍贵的东西。

可惜，生活中多数人总是一味地为一些身外之物而奔波，全然忽略了内心的真正欲求。等到人之将死的时候，才明白自己生前所追求的东西终究都是一场空，只有自己的内心才最忠实于自己的生命，只有内心的感受才是我们最应该在乎和把握的。

一个穷小子爱上了一位姑娘，两人结婚后，生活虽然不富裕，但生活得十分幸福。

有一天，这位姑娘认识了一位非常富有的年轻人，这个年轻人的甜言蜜语使她心动了。后来这位富有的年轻人对她说："我们俩这样偷偷摸摸很不自由，不如干脆离开家乡，到新的地方去建立属于我们自己的家！"

女人听了对方的话觉得十分有道理，就趁自己的丈夫外出之时，把家里最值钱的东西拿走，到港口与年轻人会合。年轻人说道："我不想让你跟着我受苦，你先把东西给我，等我到了一个地方安顿好后，再回来接你！"女人就听信了对方的话，把身上所有的财物都给了他，自己又待在原地等待。没想到，一天、两天，一个月过去了，年轻人就这样一去不回了。这位女人在外面又饿又冷，但是又不敢回去。

有一天，她在街上看到一只大狗衔着一只鸟从她面前跑过去，那只鸟还在奋力挣扎。谁知那只狗跑到水边，看到水中有一条鱼，就将口中的鸟放下，立即去河中去咬鱼。结果鱼游走了，鸟也飞走了。

女人看了，忍不住笑说："你这只狼狗真傻，已有一只这么好的鸟，居然放弃而去咬鱼，结果鸟和鱼都得不到，真是傻啊！"那只大狗突然回头对她说："我的傻，只不过让我挨一顿饿；而你的傻，却误了你一生！"

此时，这愚痴的女人才如梦初醒，懊悔地自语道："我居然为了那种人放弃原本爱我的人，毁了我一生的幸福，这莫不都是自己的贪欲之心害的吗？"

心智才是生命的本态，我们的本心本性就是我们本身受用不尽的财富，听从内心的声音，做于心的事才能让自己获得永恒的意义。有一段名言说这样："一切众生，从无始劫来，迷己逐物，失于本心，为物所转。"意思是说，芸芸众生，从无限长远的时间以来，因为迷失了本心本性，所以只能被外在的事物劳累地牵着鼻子走。他们一味地追求金钱、物质和名誉，在滚滚红尘中，最终也会越发地迷失自己。所以，在生活中，我们一定要抵制住外界的各种诱惑，化解自己的各种贪欲之心，才不至于使自己因一时的迷失而招来无尽的烦恼与折磨。

心虚意净，明心见性——"不识庐山真面目，只缘身在此山中。"很多时候，你自己的迷悟只在于你自己的一时贪念。所以，你要时时警告自己，从更高的层次去审视与认识自己。因为只有意念清纯，心中才能够更为清明，只要你时时能够解开执著与情感的系缚，就能够发现心灵深处的真我，最终才能让生命获得永恒的意义。

6 无欲无求十顺其自然=幸福

小时候我们经常因为无意间得到一团廉价的棉花糖而兴高采烈，而如今我们得到一大包的金丝猴奶糖心中未必会感到快乐；小时候我们因为在小河中无意间看到一条小鱼而感到满足和幸福，而如今我们到大型的海洋馆中观赏海豚表演也不一定会感到快乐……于是，人们不禁会问：幸福是什么，幸福在哪里？然后，苦苦追寻问题的答案。

其实，幸福无须我们去苦苦追寻，它便可以触手可及。我们不幸福，是因为内心的欲望在作祟。幸福很多时候完全是一种内心的感受，如果我们将欲望的门槛降得低一点，顺其自然，把握自己所拥有的，幸福自然就会来临。

有一个外国商人，他坐船到了西班牙海边的一个渔村。他在码头上看见了一个西班牙渔夫从海里划着一艘小船靠岸，船上有好几尾大鱼。外国商人对渔夫能抓到这么高档的鱼表示赞叹。然后问他：“您每天要花多少时间就可以抓到这么多鱼？”渔夫说：“一会儿工夫就抓到了。我不用费多大力气。”

商人说：“为什么你不再多抓一会儿，这样你就可以抓到更多的鱼了。”西班牙渔夫觉得不以为然，他说：“这些鱼已经够我一家人一天的生活了，我为什么要抓那么多呢？”

商人又问：“那么你只是花一小会儿的时间抓这些鱼，剩下的时间你怎么打发呢？”渔夫说：“我每天的事情很多啊，我睡到自然醒，然后出海抓几条鱼，回去和孩子们玩一玩，再睡个午觉。黄昏的时候到村子里找几个朋友喝点酒，再弹会儿吉他。这日子也很充实。”

商人听了摇了摇头，并且帮他出主意：“我可是美国著名大学的博士，我给你出一个主意你可以挣大钱。你应该多花一些时间去抓鱼，然后攒钱买条大些的船。到时候你就可以抓更多的鱼，再买渔船，到时候你就可以拥有一个渔船队。你直接把鱼卖给工厂，这样可以挣更多的钱。然后你还可以开一家罐头厂。这样你就可以离开渔村，到城市里去做有钱人。”

渔夫问：“我要达到这些目标需要花多少年的时间呢？”

商人说：“大概 15 年到 20 年。”

渔夫问：“然后呢？”

商人说：“然后？然后你就会更加有钱，你可以挣好几个亿呢！”

渔夫问：“再然后呢？”

商人说：“那你就可以退休了，你可以搬到海边的小渔村去住，享受清新的空气，每天睡到自然醒，然后出海抓几条鱼，回去和孩子们玩一玩，再睡个午觉。黄昏的时候到村子里找几个朋友喝点酒，再弹会儿吉他。”

渔夫听完，非常不解，他说：“难道我现在的生活不就是这个样子吗？那为什么我还要花那么多的时间去折腾自己呢？”商人最终无话可说。

终点又回到了起点，看似有些可笑滑稽，可是，也向我们阐述了这样的一个道理，那就是人应该力求顺其自然，活得简单一些，这样可以使幸福持续得更为长久。你可以仔细想一下:其实人生的最终追求不外乎如此,如果你感到此刻的自己是幸福的,又何必还去苦苦奢求那些劳累人心的妄想。幸福并不像富翁所说的那样,拥有多么丰富的物质,幸福是一种无欲无求、健康平和、顺其自然的心态。朱元璋在晚年,虽然锦衣玉食,享尽人间富贵,却远没有少年时每餐只吃一种食物来得幸福。所以,我们在生活中就应该懂得知足,少一些欲望,这样,无论在何时何地便可以享受到幸福了。

现代社会,人们往往将自己的生活方式规定得太过烦琐,女士要用高级的包包,要用名贵香水,要穿高档服装……男士要穿名牌,要开跑车,要戴高级的手表……孩子要上贵族学校,要用最新款的手机……这些被人们称之为"品位"的东西,其实是心灵的一种枷锁。它将人们从幸福的生活中剥离出来,投入到生活的固定的程式中成为一个超豪华的奴隶。这样的生活,又哪有快乐和幸福可言?当人们开始沉溺于这种物质生活的品质,忽略了自己内心的愉悦时,就真正与幸福分道扬镳了。所以说,幸福=无欲无求+顺其自然,如果你想得到幸福,就该舍弃那些该舍弃的枷锁了。

当然了,这里所说的无欲无求并不是什么事情都不做,而是说人只有做到不刻意追求自己的欲望,本本分分地活着,每天保持一颗平常心,并且微笑地面对每一天。

7 内心知足，生活常乐

“知足常乐”语出《老子·俭欲》：“罪莫大于可欲，祸莫大于不知足；咎莫大于欲得。故知足之足，常足。”意思是说：最大的罪恶没有大过于放纵欲望的了，最大的祸患没有大过于不知满足的了；最大的过失也没有大过于贪得无厌的了。所以，内心知道满足的人，永远会感到快乐。

我们知道，羁绊心灵的是内心的欲望，因为欲望得不到满足，所以才有了不快乐。如果人们知足于当下所拥有的，就等于削减了内心的欲望。但是，生活中并不是每个人都懂得这个道理，他们总是得到一些之后，还想得到更多，最终让自己失去快乐。

从前有一位国王，拥有荣华富贵，照理，他应该满足，应该过得快乐，但事实是他内心过得并不快乐。国王自己也十分纳闷，为什么他对自己的生活还十分不满意，为什么不能快乐起来呢？

有一天，国王很早就起床了，他随意在王宫四处转悠。国王无意间走到御膳房时，听到里面一个厨子在快乐地哼着小曲，脸上洋溢着幸福的表情。

国王甚是奇怪，问那个厨子为何如此快乐？厨子答道：“我家里有一间草屋，肚子里不缺暖食，家里有贤惠的妻子和可爱的儿子，这样美满的生活，你说我能不快乐吗？”

听到这里，国王就明白了。随后，国王就与朝中的宰相讨论这个厨子的快乐，宰相说：“陛下，我认为这个厨子还没有成为‘99 一族’。”

国王惊讶地问道:“何谓‘99一族’呢?”

宰相答道:“你只要做这样一件事情就可以确切地明白什么是‘99一族’了。准备一个包袱,在里面放进去99枚金币,然后把这个包袱放在那个厨子的家门口,您很快就可以明白一切了。”

国王按照宰相所言,命人将一个装有99枚金币的包袱放在那个快乐的厨子家门口。厨子回家的时候,就发现了门前的包袱,好奇地把包袱打开,先是惊诧,然后狂喜:金币!怎么这么多金币!厨子将包袱里的金币全部倒出来,查点了三遍,都是99枚。他心中开始纳闷:没理由只有这99枚啊?哪有人会只装99枚啊?那一枚掉到哪里去了呢?于是他就开始到处寻找,找遍了整个院子也没有找到,心情沮丧到了极点。

于是,他决定从明天起,加倍努力工作,争取早一天挣回那一枚金币。晚上由于找那枚金币太辛苦,第二天早上便起来得有点晚,情绪也坏到了极点,就对妻子与孩子大吼大叫,不停地责骂他们没有及时把他叫醒,影响了早日挣回那一枚金币的梦想。

从那以后,他每天匆匆忙忙地来到御膳房,为了多挣钱。也不像以前那么兴高采烈地哼小曲吹口哨了,平时只是埋头拼命地干活,一点儿也没有注意到国王正在悄悄地观察他。

国王看到原本快乐的厨子心情变得如此沮丧,十分不解,就问宰相:“他已经得到那么多金币,应该比以前更快乐才对,可为何?”

宰相对国王说:“陛下,你现在看到的厨子就是‘99一族’中的成员了。他们拥有很多,但是从来不懂得满足,他们只是拼命地工作,只为了额外地得到那个‘1’,为了尽早实现那个‘100’。原本快乐、轻松的生活,只因为忽然出现了能够凑足100的可能性,就变得不快乐了。他们竭尽全力去追求那个毫无任何意义的‘1’,不惜付出失去快乐的代价,这就是‘99一族’的人。”

厨子的经历告诉我们："知足者贫穷亦乐，不知足者富贵亦忧"的道理。所以，快乐是与富贵、贫穷无关的，关键取决于我们内心是否满足。

真正的快乐不是拥有得多，而是内心的欲求少。我们活着就应该知足，当你早上醒来时，如果发现自己还能顺畅地呼吸，那么这就说明你比在这一周离开人世的人更有福气；如果你从未经历过战争的危险、被囚禁的孤寂、受折磨的痛苦和忍饥挨饿的难受……你已经好过世界上5亿人；如果你的冰箱里有食物，有屋栖身，你已经比世界上70%的人更富有；如果你积极地去握一个人的手，拥抱他，或者只是在他的肩膀上拍一下……那么，你真的很幸福，因为你现在所做的，已经等同上帝才能做到的。就像歌中唱的那样"想想疾病苦，无病既是福；想想饥寒苦，温饱既是福；想想生活苦，达观既是福；想想乱世苦，平安既是福；想想牢狱苦，安分既是福；莫羡人家生活好，还有人家比我差；莫叹自己命运薄，还有他人比我厄……"如果这样，我们就应该对现有的收获倍加珍惜，对目前的成果尽情享受，这样才能让自己获得永恒的快乐。

当然了，我们所说的"知足常乐"并不是一种不思进取的处世态度，用现代经济学的观点来说，"知足常乐"是指在有限资源与无穷欲望之间找出一个平衡点，并努力将这种平衡状态维持下去的生活态度。用现代心理学解释，所谓"知足常乐"，就是尽量使自身的承受能力与需求保持相对平衡稳定的一种状态，它是一种积极的生活态度，是一种智慧的处世方式。

随着现代生活节奏的加快，在各种压力不断增加的今天，聪明的处世方式应该为：相对的知足，绝对的追求。知足常乐，其实就是要求人们对当下生命的肯定，去满足于当下的获得与快乐，心中有了满足感，快乐也就来临了。

8 适时放弃，远离喧嚣

快节奏的生活让现代人疲于奔命，人们越来越多地感到了沉重的压力，过于喧嚣和浮躁的现代社会，使许多人在这忙碌的世界上奔波，总是一往直前，毫不停留，就连吃饭也是不知其味地匆匆填饱肚子，结果却是心累体衰，没有时间充分品味生活的美好和芬芳，最终留下生命的遗憾。终日忙碌的人们已经快要忘记生活的真正意义，现代的人太应该学会轻松地生活了。

现实生活中总是有着太多的诱惑，如果你不能以宁静的心灵去面对，就会感到心力交瘁或迷惘躁动。所以，懂得在恰当的时候做出选择，懂得适时地有所放弃，这正是人们获得内心平静的好方法。

在远离城市喧嚣的僻静处有一条老街，街上有一家铁匠铺，里面住着一位老铁匠。因为现代已没有人再需要打制的铁器，于是，他便改卖铁制的生活用品，比如铁锅、斧头等。

与别的商家不同的是老铁匠还保留着很原始的经营方式。他坐在铁门内，货物摆在门外，不吆喝，不还价，晚上也不收摊。老人过着与世无争的悠闲生活，他手里常常拿着一个半导体，身旁是一把紫砂壶。老人不在乎生意好坏，他老了，挣的钱够自己喝茶和吃饭就行了，他很满足。

有一天，一个经营古董的商人从这里经过，他不经意间看到老铁匠身边的紫砂壶，只看那把壶古朴雅致，紫黑如墨，颇有清代制壶名家风格。于是，商人走过去，拿起那把壶仔细端详起来。在这把紫砂壶的壶嘴外果然有一记印章，还真是这位名家的！能在这个小巷子找到如此珍贵的古董，商人惊喜不已。

商人没有丝毫犹豫，他找到老铁匠，说愿意出10万元买下这把壶。老铁匠听到这个数字先是一惊，随后马上拒绝了，因为这把壶是他爷爷留下来的，他们祖孙三代打铁时都喝这把壶里的水。

壶虽然没有卖成，但商人走后，老铁匠有生以来第一次失眠了。他没有想到原本自已眼中的普通茶壶，竟然这么值钱，他的内心有些不平静了。商人的出价还是打破了老人平静的生活，原来他躺在椅子上喝水，都是闭着眼睛把壶放在小桌上，现在他总要坐起来再看一眼，这让他感觉心很累。由其让他不能容忍的是，当周围的人知道他有一把价值连城的茶壶后，门槛都快被踏破了，有的问还有没有其他的宝贝，有的甚至开始向他借钱。还有更过分的，大晚上来推他的门。就这样，一把壶将老人的生活彻底搅乱了。

过了一段时间，商人再次带着20万元现金登门，老铁匠再也坐不住了。这一次他下了决心，他招来左右店铺的人和前后邻居，拿起一把斧头，当众把那把紫砂壶砸了个粉碎。

在现实社会中，太多的物质、功利在现实中困扰着人们，使人们在生活中感觉很累，而更多的是心累。所以，果断放弃那些不属于自己的东西，不追求过多的物质的东西，抛弃那些浮华和虚荣，欣然面对清贫，欣然面对平凡的日子，心灵自然会放松，就会享受到轻松生活的美妙和芬芳。

现实中，人们常常会因为不舍得放弃而失去更重要的东西。面对诸多不可为之事，勇于放弃，是明智的选择。面对一些该舍弃的东西时，只有毫不犹豫地放弃，才能重新轻松投入新生活，才能让自己的内心获得平静。

飞速行驶的列车上，一位老人不小心将刚买的新鞋从窗口掉下去一只,周围的旅客无不为之惋惜,不料老人毅然把剩下的一只也扔了下去。众人大惑不解,老人却从容一笑:“鞋无论多么昂贵,剩下一只对我来说就没有什么意义了。把它扔下去,就可能让拾到的人得到一双新鞋,说不定他还能穿呢!”

老人在丢了一只鞋后,毅然丢下另一只鞋,这便是成熟而理智的表现。一般来说,人们总会不自觉地因为得到而飘飘然,因为失去而凄凄然。老人却以从容的达观之态,超越于世人之上。的确,与其抱残守缺,不如舍去,或许会给别人带来幸福,同时也使自己心情舒畅。老人这种舍得的做法令人顿生敬意,也值得我们深思。

在这个竞争激烈的现代社会,人们习惯了追赶,习惯了只争朝夕,总以为稍一懈怠,就会被社会的大浪潮所淘汰。但是,就当人人都去拼命向前奔跑的时候,却失去了平和从容的心态和宁静的生活。

其实,在人生中,每一个人都躲不开压力、烦恼和忧虑,但只要我们学着豁达些,宽容些,从容些,轻松的生活就会与我们相伴。

9 勇于舍弃才能获得更多

舍得,舍得,意思是说人生有舍才能有所获得。舍弃了对金钱的欲望,就等于是舍弃了心灵的包袱,也就获得了快乐与幸福;舍弃了对名与利的贪念,就等于舍弃了心灵的枷锁,也就获得了轻松与坦然;舍弃了不属于自己的东西,就等于舍弃了心灵的牵绊,也就获得了永恒的静谧与真正的快乐。所以，在生活中，我们要想获得心灵的平静与快乐，就应该勇于舍弃心中的欲望与贪念，否则，不仅不能得到更多，反而还会失去更多。

一个贫穷的人带着食物与水到沙漠里去寻金，几天过去了，宝藏没寻到，身上的食物与水却已经没了。两天了，他已经没喝过一滴水，吃过一块面包了，没有任何力气的他只有静静地躺在那里等待着死亡的降临。就在他临死的前一刻，他向神做了最后的祈祷："神啊，请帮帮我这个可怜的人吧！如果我能得到一点点的水和食物，我宁肯舍弃金子！"

刚说完，神就真的出现了，满足了他的请求。他吃饱喝足后，就想着自己已经经受了这么多磨难，怎么能舍弃寻宝的愿望呢，说不定宝藏就在前方不远处。于是，他又继续向沙漠的深处走去，很幸运，他找到了很多金子。看着光彩夺目的金子，那个人兴奋十足，就贪婪地将金子装满了自己身上所有的口袋。

但是，他已经没有足够的食物与水来支撑他走完回家的路了。但是，他还是背负着重重的宝藏往前走，随着体力的不断下降，他也不得不扔掉一些宝藏，他边走边扔，以至将身上所有的东西扔掉后还是没能回到家。到最后，他又静静地躺在地上，在临死之前，又开始向神祈求："请赐予我更多的水和食物吧！"

最终神对他说："我再赐予你更多的水和食物，你是否要再返回去去把扔掉的金子捡回来呢？"

……

故事中的人，死到临头，都没有摆脱欲望与贪念的缠绕，因为他心中时时存有贪念，最终不仅没有得到想要的金子，而且还失去了生命。如果他能适时地舍弃，就不会落到十分可悲的下场了。

在脆弱与短暂的生命中，有太多的珍贵的东西需要我们去把握，但如果我们为了追求一些身外之物而失去了生命中更有价值的东西是非常得不偿失的。人的贪欲就像一团熊熊燃烧的烈火一样，柴放得越多，火就会烧得越旺，而火烧得越旺，你就时刻会有再添柴的冲动。面对尘世的诱惑，我们想拥有得太多：想拥有成功的事业，又想得到更多的金钱，还想获得美满的家庭……你的欲望会随着一个人愿望的实现而变得变本加厉，慢慢地，你的心灵会疲惫不堪，你的生活也会枯燥无味，最终你的整个生命也只能在痛苦的深渊中挣扎不止。所以，勇于舍弃是一个聪明的选择，也是人生的一种收获。放下了，就得到了，只有有所舍弃，才能获得更多超乎自己想象的更有价值的东西。

有一对兄弟，自幼失去了父母，从小就过着以打渔为生的艰苦生活。生活虽贫穷但兄弟俩从来没有抱怨过什么，日子过得简单而舒心。

菩萨看到了二人的情况，很是同情，就决心帮助他们。菩萨来到兄弟两人的梦中，对他们说："你们村头的河流正中央埋藏着宝藏，现在河水很浅，你们可以前去打捞宝藏，等到五更天河水上涨的时候务必要离开，否则，就可能会丧命。"

兄弟两人从睡梦中醒来，十分兴奋。就赶忙起身各自乘着渔船前去打捞。到了河水中央，哥哥打捞了一块宝石，装在口袋里，看到天不早了就赶快离开了。而弟弟则对哥哥说："你先走，我一会儿就离开。"随后，他就不停地在那里打捞，将宝藏装了满满一船。眼看就到五更了，弟弟还是不肯罢手。一会儿，河水慢慢地涨起来了。随后，狂风大浪向小船扑来，弟弟拼命地划船，但是由于宝藏太重，根本划不快。最终，弟弟与宝藏都被卷入大风浪中。

而哥哥回家后，用捞到的那块宝石为本钱，做起了生意。后来他就成为远近闻名的大富翁，而弟弟却再也没有回来。

泰戈尔说："鸟儿的翅膀一旦系上黄金，它就无法飞翔了。"欲望和贪念是羁绊心灵的枷锁，我们要想获得自由和快乐，就要勇于舍弃。弟弟因为贪婪不愿意舍弃，最终却丧失了自己的性命，而哥哥却因为懂得舍弃，最终实现了他成为富翁的梦想。

舍弃对金钱的贪欲，舍弃对权力的角逐，舍弃对虚名的争夺，舍弃心中所有的难言的负荷，舍弃无谓的争吵，舍弃没完没了的解释，你就能远离烦恼，摆脱蚕丝般的世俗的纠缠，才能使整个身心都沉浸到轻松、愉快与宁静中去。有这样一句经典的话：当你紧握双手，里面什么也没有，当你打开双手，世界就在你的手中；只有懂得放弃，才能使你在有限的生命里活得充实、饱满而旺盛。生活中，鱼和熊掌不能兼得，只要我们勇于放下欲望和贪念，就能得到更为别样的精彩的人生景致。

第二章 人之所以会烦恼，是因为计较太多

——放弃狭隘，给自己的心灵让路

生活中的许多烦恼都是因为内心过于计较产生的，如果我们能勇于放下过多的计较，以宽容的心态去面对一切，才能告别琐碎与平庸，才能不去钻牛角尖，才能不为了面子而耿耿于怀，才能不将那些微不足道的鸡毛蒜皮的小事放在心上，才能笑看名与利、得与失。

不计较，就是给自己的心灵上了一道防护线，使自己不主动去制造烦恼。即便真是听到一些负面的信息，遇到一些不愉快的事情，也会泰然处之，不会因一时的损失而不知所措。

1 不被流言所左右

俗话说:“哪个人前不说人,谁人背后无人说。”人活于世,身后难免会有是非流言,也难免会被别人议论,甚至被误解。在这样的情况下,很多人都可能会伤心、难过,情绪难免会被流言所左右。其实,只要你能冷静下来想一想,这是大可不必的,因为所谓的“流言”只不过是你耳边的一阵风而已,在它产生的一瞬间便已经没有对错之分,如果你与其较劲,就是在拿别人的错误惩罚自己。

这个世界上,每个人都活在别人的视线之中。别人对你的言行举止做出的评判,完全只是别人的看法,如果你因为别人的不真实的看法或评价去改变自己的行为,是再愚蠢不过的行为。所以,当我们在生活中听到有关自己的“是非流言”时,只要将其搁置一旁不予理睬,一段时间后它便会烟消云散的,因为“是非止于智者”,流言是经不起推敲的。

林达是上海一家广告公司的职员,她与同事丽娜是好朋友。丽娜比她早一年进公司,所以,刚开始林达就受到了丽娜的照顾。林达每当遇到难缠的客户,丽娜都会主动帮她搞定。当林达业绩不好的时候,丽娜还会与她一起做她的case。当她遇到困难的时候,丽娜也会主动去帮她解决。在与丽娜一年多的相处和合作中,她们成了无话不谈的闺中密友。

后来,林达凭借其自己在业务上的成就,做到了销售部管理者的职位,但是,正在自己欣喜的时候,她却收到了来自好朋友丽娜的意外之“礼”。

那一次，林达与丽娜共同负责一个来自国外客户的关于新产品市场推广方面的新闻发布会，因为事前林达对客户提供的新产品的资料做了详尽的了解，她提出的一个推广方案就得到了客户的赞赏，客户要求要与她单独见面。当时，林达也能感到丽娜的尴尬，想去安慰她。但是她后来又想，她们之间的亲密关系，丽娜应该是不会介意的。

但是，第二天上班后，林达听到所有的同事都在小心地议论她。后来，她才得知是自己的好朋友丽娜散布的谣言，说自己昨天与客户在酒店交谈彻夜不归。看到同事们都在用异样的眼光看自己，林达感到十分揪心。随后，这件事就成为其他同事茶余饭后的谈资……林达当时感到受屈辱，痛苦极了。但是她又相信：是非止于智者，清者自清，浊者自浊，时间会证明一切。随后一段时间，大家也都觉得丽娜所说之事经不起推敲，也就没人再提起此事了。

林达在无意之中被卷入了“是非”之中，但是她不予理会，最终谣言也不辩而散了。所以，在生活中，我们也要相信“是非止于智者，清者自清，浊者自浊”的道理，将谣言搁置一边不予理睬，这样才不至于让谣言扰乱我们的正常工作和生活，最终也能让自己获得内心的平静。

很多时候，流言只是一些无聊的人在无聊的生活之余的谈资而已，本身并没有什么恶意。对于这些随口而出的评价，我们也完全可以置之不理，即便是偶然从他们身边路过听到，也可以一笑了之，没有必要将之放在心上。

而一些带有攻击性的恶意的流言，大多是在人们不平衡的心理作用下产生的。对于这样的流言，我们更应该一笑了之。因为别人忌妒你，说明你比对方优秀，一个优秀的人是没有必要与一个不如自己的人计较的。再者，这些带有攻击性的恶意的流言，是对方故意让你伤心难过的，如果你真的为此而伤心、难过，岂不是正中了对方的下怀。为此，对于一些恶意的流言，我们也完全可以置之不理。但是，对于一些子虚乌有，且已经对自身的名誉造成了重大损害的流言，我们则可以考虑以法律的形式加以追究，即便是借助法律武器，也没必要有太大的心理压力，因为一切都是人之常情而已。

另外，如果真的是自己的言行有失，也应该及时注意并加以改正，将之看作一个完善自身的机会，切不可为此而陷入极大的精神压力之中。

同时，如果你是个胆小懦弱、害怕“众口铄金”的人，要想自己不为流言所左右，最好是谨言慎行。如果你是个开朗乐观的人，就没必要在这种事情上浪费自己的时间了。因为你的人生是属于自己的，跟别人又有什么关系呢？要知道，每个生命个体从本质上来说，都是独立的。

总之，路是你自己的，人生也是你自己的，没必要太去在乎别人的看法。任何人的看法与建议都不能从实质上改变什么。真正懂得对自己好的人，是能正视流言、有所取舍的人，这样的人才能更为真实、快乐和惬意地活着。

2 世界上没有绝对的公平

在生活中，多数人都认为公平合理是天经地义的准则之一，所以，我们经常会抱怨：“这是不公平的！”或者“我没有得到这些，你也没有理由去得到！”我们事事都想追求公平合理，但是当稍有不公平的事发生时，心中就会产生矛盾，就会愤愤不平，感到自己受到了极大的委屈，内心也无法平静下来。应该说，追求公平是正确的，但是因为受到一些不公平的对待或者遇到不公平的事情，就产生消极的情绪，这就需要你注意了。

事实上，世界上没有百分之百的公平，所谓的绝对的公平，是你内心的一种非理性的想法。

一位怀才不遇的青年人向一位智者哭诉自己的经历，报怨说这世道真是太不公平了！

智者听了，笑着对他说："什么是公平呢？你把这两个字写下来让我看看。"青年就随手在纸上写下了"公平"两个字并递给智者。

智者接过纸张笑容可掬地说道："你看，这两个字一个用四画就写完了，一个却用了五画，这公平的笔画本身都不公平的，怎么说'公平'是公平的呢？"

这个世界上是没有绝对的公平的，你所要寻找的公平就如同寻找神话传说中的仙境、宝物一样，永远也不可能找得到。因为这个世界本不是根据公平的原则创造出来的。比如，鲨鱼吃小鱼，对小鱼来说是不公平的；小鱼吃小虾，对小虾来说是不公平的；小虾吃浮游生物……只要你看看一下大自然一个个的食物链就可以知道，处于顶端的是食肉类的猛兽，处于底部的都是毫无侵略性的生物或者是微生物，对于那些注定要被吃掉的生物，你能用公平或者不公平来评价吗？世界上没有百分之百的公平。在生活中，有的人天生长得漂亮、聪明、健壮，而有的人天生就残疾，你说这公平吗？在当今的世界之中，发达国家里的人会因为进食过量而去减肥，而一些落后国家的人们却因为灾荒而饿而死，这也公平吗？

公平是我们每个人追求的目标，但是总是会出现许多不公平的事情，这并非是人类的一种悲哀，而是世界本有的一种状态，一种真实的情况。其实，我们每天生活在不公平之中，每天不可避免地都要受到各种各样的不公平的对待,如果你一味地追求百分之百的公平,只会导致个人心理上的失衡,使自己变得焦躁不安,烦恼不已。与其在焦躁、烦恼中度过,不如及早认清现实,放下过多的计较,让自己快乐起来。

同时,当你在满腹牢骚地抱怨“不公”的时候,你是否反问过自己“自己真的是最好的吗?”“自己真做得够完美吗?”如果你肯时刻这样想,就可以平衡自己的心态,让自己从烦恼中解脱出来。

有这样一个故事:

一个自以为极有才华的秀才,因为一直得不到重用,所以,他经常愁肠百结,异常苦闷。

有一天,他就大声地质问上帝:“命运为什么对我如此不公?我并不比那些当官的差,可偏偏为什么我却不能得到重用?”

上帝听了此话后就沉默不语,只是捡起了一颗不起眼的小石子,并把它扔到乱石堆中。

上帝说:“你试着把我刚才扔掉的那颗石子找出来。”秀才翻遍了所有的乱石堆,却没找到。这时候,上帝又拿出一块金子,然后以同样的方式扔到了那堆乱石堆中。结果,这一次,秀才却很快就找出了那块金子——那块金光闪闪的金子。

上帝虽然没有说什么,但是那位秀才却顿时醒悟了:当前的自己还只不过是一颗石子而已,如果自己真是一块金灿灿的金子,就没有理由再抱怨命运的不公平。

在生活中,很多人就是这样,在不公平面前只是一味地抱怨。殊不知,很多时候,原因全出于我们自己。所以,我们在埋怨的时候,首先要静下心来反思一下自己,问题是否是出在自己的身上。同时,我们也要勇于放下过多的计较,以一颗平常心去对待这些不公,这是人生的一种境界。

3 不必凡事都要争个明白

世间的许多问题本身都是没有明确的答案的，所以，凡事没必要都非要去争个明白。否则，只会让自己的内心受累，甚至会为此付出巨大的代价。

在意大利卡塔尼山的叙拉古郊外有一块墓碑，墓碑上刻着一个这样的故事：

一个名叫托比的人从雅典去叙拉古游学，经过卡塔尼山时，发现了一只老虎。进城后，他对城里的人说："卡塔尼山上有一只老虎。"但是，却没有人相信他，因为自古没有一个人在卡塔尼山上见过老虎。而托比则坚持说自己确实见到了老虎，并且是一只非常雄壮的老虎。可是无论他怎么说，就是没人相信他。最后，托比只好说，那我带你们去看，如果见到了真正的老虎，你们就会相信的。托比当时为了证实自己，就带着城里的几个人上了山。

但是，托比带着几个人把整个山都转遍了，却连老虎的毛都没有发现。托比的内心异常焦虑，他非要这件事情让大家明白。但是又因为找不到老虎，所以，他到城里后逢人就说自己没有撒谎，说他确实在山上见到了老虎。城里的人不仅不相信他，而且还说他是个疯子。托比内心还是异常地难受，为了证实自己确实看到了老虎，就亲自去买了一支猎枪来到卡塔尼山。他非要找到那只老虎，还要把老虎打死，让全城的人都来看一下，证明他自己没有说谎。

三天后，人们在山中发现了一堆破碎的衣服。原来托比在山上寻虎的过程中,不小心被一只大熊给吃掉了。

托比只是为了向众人证实一个小小的事非,结果却将自己的性命丢掉了,是得不偿失的。假若他能够及时放弃,敞开心胸,可能就不会上演这幕悲剧了。

人生本来就是真真假假,是是非非的。很多事情本身就是说不清道不明的。如果你非要去与别人争出个对错来,恐怕最终吃亏的必是你自己。在处理人际关系的过程中,也是如此。

平时我们在与周围的人或朋友相处的过程中,总会遇到双方意见不统一的情况。这时候,我们很容易就会因为坚持自己的观点而与对方发生争论。毫无疑问,争论对于认清事物的真相是至关重要的,但是凡事必须争个明白的做法是不可取的。可以试想一下:当你被别人误解,如果你急于去证明自己而反复向对方做出解释,或很有可能会被别人认为是恼羞成怒,结果有可能是越描越黑,不仅没有解决问题,还浪费了时间、精力,同时还影响了你与对方的和谐的人际关系,无疑是得不偿失的。对于此,最好的解决方法就是,将心胸放宽一些,难得糊涂一回。尤其是对于一些根本无伤大雅的小问题,我们更没有必要非得去与别人较劲,否则就算你能赢得口头上的胜利,却给自己徒增了几分烦恼和忧虑。

肖强是个大才子,不仅能诗善文,而且还善于辩论。拥有如此好的口才,肖强的周围应该有很多朋友才是,但事实却并非如此,主要是因为他是一个爱较真的人。

有一次,肖强与几位朋友一同去参加一位朋友的婚礼,本来是很喜庆的场合,肖强却因为司仪的一句话把场面搞得很尴尬。

席间司仪说:“在座的朋友都知道,新郎、新娘是名副其实的‘青梅竹马’,在这里我给大家解释一下这个成语的来历:相传宋代的时候有个著名的女词人李清照，她与她的丈夫赵明诚自小相爱……”司仪的解释显然是错误的，但是在场的人出于礼貌，谁也没去说破。但是肖强却忍不住大声在台下说道：“你说错了，这个成语是李白写的……”顿时，那个司仪脸上红一阵白一阵，但是对方又是个嘴硬的人，接着说：“这位先生，您说是李白写的，有什么证据吗？”

肖强得意地说：“当然有了，这个成语出自李白的《长干行》……”这样一来，让那个司仪面子尽失，场面顿时也冷清了许多。这时候新郎很不高兴地将他叫到一边说：“人家是来帮忙的，你跟人家叫什么劲呀！这是结婚啊！又不是学术辩论会。平时大家都不愿意与你交往，就是这个原因……”

毫无疑问，拥有渊博的知识、出众的口才能够为我们的工作、生活提供有力的保障，但是如果总像肖强那样，经常因为一些无关紧要的事情与别人较真，那么这点优点就只会成为你人生的羁绊。所以，遇到此类情况，我们最好糊涂一下，一笑了之。同时，也要以一种包容的心态去面对身边的人与事，放下过多的计较，就会得到快乐和开心。

4 切莫再去比较了

在日常生活中，我们总是习惯了用比较的眼光来看待事情，比如拥有得多与少、事物的好与坏，等等。当我们与别人比较的时候，就自然会无法对自己已拥有的东西或事物进行欣赏和满足，这样你自然就很难快乐起来。

一个旅游团到一个著名的花城去旅游，在旅途中，大家看到一大片的郁金香花开得正好，有位旅客就情不自禁地赞道："真美呀！还没见过如此漂亮的花呢！"而坐在她旁边的一位旅客说："这里有什么，这里的郁金香还不如另外一个花园中的牡丹花好看呢！"这话一出口，车上游客的心中不免就有些暗淡了，好像整个花园中的郁金香就顿时失去了色彩。

郁金香有郁金香的美丽，牡丹也有牡丹的漂亮，两者没有根本的可比之处，只需去欣赏当下的就能享受到快乐和满足，否则，所有的美感就会全部丧失，我们也就错失了当下的快乐和满足，不是吗？

与其去比较，不如换一种想法："这个很好，那里也不错"，都以积极的心态去欣赏当下的美丽，享受自己所拥有的快乐，那么，你的心情将会永远是快乐的。

但是，比较似乎是人的一种普遍的不自觉的心态，只要尝试过一次"更好"的滋味，就想寻求到更多的"更好"，每个人似乎都会不自觉地将眼光盯向别处，体味不到自己眼中风景的美丽，这样也在不自觉之中让自己多了几分烦恼与忧愁。

张欣是位都市白领，与丈夫结婚后用积累了几年的工资买了一套两居室的房子。房子是他们精挑细选后定下来的，两人住进去后感觉十分舒适而且方便，心中十分开心，每天上班脸上都会挂着幸福的微笑。

但是没过多久，她的一位好朋友也买了一套房。装修好后，朋友打电话让张欣到家里参观。朋友的房子地段好，而且房子还很大，里面装修也很高档，张欣从朋友家回来后，脸上再也没有笑容了。她原本的好心情已经被朋友的"更好"的房子给冲击掉了。

这就是比较心理作怪的结果！要知道，别人的房子好，花的钱也会多，付出的辛苦也自然就越多，那就让他"更好"吧！自己不想太累，不想背负太重的经济负担，买一个舒适的就好，自己享受自己当下的惬意生活，有什么好比较的呢?

比较多数情况下都会给自己带来许多阴暗和不愉快的感觉，怀有比较的心理去工作或生活，即便是你再有优势，也难免会使自己心理失衡，也不会有愉快的感觉。比较是十分危险的，会让我们忽略或不满足于自己所拥有的，会让我们错失很多美好的东西；比较会挑拨起我们的野心，也是在诋毁我们自己所做的一切努力，让我们所得的和已经拥有的变得毫无生机和意义……

其实，大部分的人都明白这个道理：我们都是比上不足，比下有余。但是，仍旧还是会忍不住要去与别人比较，处在与人比较后的烦恼中不能醒悟过来：比较物质、比较金钱、比较名利、比较幸福……在物欲高涨中的社会中，比较只会让我们烦恼重重。所以，当我们心情烦躁的时候，请自觉地自问一下：自己是否是正处于比较后不平衡的心理状态下?如果是，请赶紧远离这种比较，因为一旦养成这种习惯，便会随时随地吞噬掉我们的快乐。

哲学家说：“人正是因为在人群中习惯了仰视，所以才滋生出许多烦恼来！”在生活中，我们总习惯于拿那些比我们强的人进行攀比，这样就常常会迷失自己，让原有的幸福与自己擦肩而过。反过来，如果我们肯低下头来，与那些不如我们的人相比，肯多去看看那些不幸的人，难道我们不是幸运的吗?人往高处看固然是对的，因为它可以激发我们奋力向前的积极性，但是有时候也要低下头来看看身边不如自己的，这样才能获得满足。

有道是：山外青山楼外楼，比来比去何时休？好只是相对的，谁都可以成就自己的幸福，为何要比来比去，让自己不开心呢?

5 莫被“鞋里的沙”绊住脚

著名作家肖剑说:“很多时候,让我们疲惫的并不是脚下的高山与漫长的旅途,而是自己鞋里的一粒微小的沙砾。”同样,在生活中,影响我们快乐心情的恰恰就是生活中一些非常微小的事情。比如早上你挤公共汽车时,有人不小心踩到了你的脚,心情就会变得异常糟糕;在上班的途中遇到堵车,烦躁随之而来;下班途中,汽车的轮胎突然被放了气……这些小事看似很小,但却足以吞噬我们一时乃至一天的好心情。

赵珊就经常会被一些“小事”绊住脚,特别是最近一周,她甚是感觉“诸事不顺”:在周一上班的路上,因为认错了人而十分尴尬,一天下来都为自己的行为而感到不安;周三的时候,又因为上班迟到而受到领导的批评,心情一天都极其低落;在周五的时候,孩子因为在学校与人打架,而被老师通知到学校一趟……

这样的小事经常发生在赵珊身上,她经常感觉自己太倒霉了,这些小事时常影响着她的心情,脑子中经常绷着一根弦,每天都处于紧张中,但是还是不时会出乱子,自己都觉得快撑不下去了……

这些生活细节显然给赵珊带来了极大的精神压力,严重影响了她的生活。这些小事情在生活中也是不可避免地会发生的,但是作为一个理智的人,必须要学会控制自己的情绪与行为,尽力敞开心胸,不让自己因为一些小事去抓狂。

两千多年前，雅典的政治家伯利克里就曾经留给人类一句忠言："请注意啊，我们已经将太多的精力纠缠于一些小事情了！"这句话，对于今天的人们来说，仍然很值得品味和借鉴。

对于我们多数人来说，生活都是由无数的小事组合而成的，如果我们过多地拘泥、计较小事，那么，我们的人生也就没有什么意义和乐趣可言了，我们触目所及的必然都是烦恼、痛苦、矛盾与冲突。

现在你可以静下心来想一想：你正在一条街上，恰好被楼上居民随手扔掉的一个果皮砸到了头；你去买菜，有人不小心弄脏了你漂亮的新裙子……此时此刻，如果你不是大事化小，小事化了，不懂得去控制自己的情绪，而是口出污言秽语，或者对别人大发雷霆，就有可能会闹出更大的麻烦或祸端来，等于将自己置于更大的烦恼和痛苦中。

报纸上就有类似的一个这样的故事：有一位年轻女子与男友一起去看电影，因为人太拥挤，那位女子的脚被后面的一位男士无意间踩了一下，尽管那位男士已经道歉，但那位女子恼羞成怒，仍旧不依不饶，竟然教唆男友用刀将那个人砍伤以解气。结果，男友被判入狱，女子也从此整日以泪洗面。

在小事上过于斤斤计较，是损害人际关系的一大诱因，也是阻碍我们获得快乐和幸福的重要因素。

从医学的观点看，事事计较、精于算计的人，对自己的身体也是极其有害的。比如《红楼梦》里的林黛玉，虽生有闭月羞花的美丽容貌，但是由于总是斤斤计较，患得患失，对别人一句无意的话，她也会辗转反侧，难于入眠，抑郁不已，最终只得落个"红颜薄命"的悲惨结局。再比如，唐代著名诗人李贺。他思路敏捷，才华过人，被人称为"诗鬼"。只可惜他是个心胸狭窄之人，常会因为一些芝麻绿豆大的事情而郁郁寡欢，愁肠百结，到 27 岁便不留于人世。

古语云:“让一让,三尺巷。”对于生活中的小事情,让一让,忍一忍又何妨?人活在世上,理应开朗、豁达,活得超脱一些的,如果你凡事都去斤斤计较,只是在给自己徒增烦恼罢了。

人的精力毕竟是有限的,如果你过于在小事上计较,那么,对人生中的一些大事的注意力与处理能力就必然会淡化,甚至是无暇顾及了,这也就意味着你将会失去更多。所以,我们要学会去勇于放下,“糊涂”地对待一些小事,这样才能让自己收获更多重要的东西。

6 吃亏并不意味着失去

生活中很多的不快乐是因为自己吃了亏,认为“吃亏”就意味着“失去”,认为吃亏是一种极其愚蠢的行为。然而,很多时候,我们所听的一些“亏”只不过是事情的表象而已。有时候,一件看似吃亏的事情,最终往往也会变成对你非常有利的事情。

董艳刚从学校毕业后就进入出版公司做编辑。刚进单位时,因为是新人,所以经常受别人的指派。有时候会被派到发行部、有时候会被派到业务部帮忙,董艳刚开始心里也很委屈,认为自己是一个编辑,为何天天要像个苦力一样干这种粗活儿,但是,她又无可奈何。

她在发行部帮忙包书、送书;到业务部,又参与各种直销工作,甚至连取稿、跑印刷厂、邮寄等本不属于她分内的工作,都有人让她去做。后来,渐渐地,董艳摸清了出版公司的各个业务的流程,各种工作都得心应手。

两年过后，她凭借自己各方面的实力，成为出版公司的业务精英，薪水也上长了好几倍，没想到当时吃的“亏”竟让自己占到便宜了。

董艳表面上看似吃了“亏”，实则是占到了大便宜。所以，在生活中，当我们因为吃亏而心生怨恨或烦恼时，应及时改变想法，将吃亏当作一种机会，将它看成是一种快乐的事情，最终你会得到意想不到的收获。

在我们很小的时候，大人们曾告诉我们要懂得计较得失，不能吃亏，吃了亏就会被形容为“傻”、“笨”。其实则不然，吃亏并非是一种软弱的表现，是一种包容的气度，一种福气，一种以退为进的处世方略。所以，当我们吃了亏，一定不要再期待得到回馈，拥有这种心态，就能够永久地保持快乐的心态。

东汉时期，有一个名叫甄宇的在朝官吏，时任当时的太学博士。为人极为忠厚，遇事也很懂得谦让，为此，他每天都乐呵呵的，官吏都愿意与其接近。

有一次，皇上将一群外番进贡的活羊赐给了在朝的官吏，要他们每人分一只领回家。

在分配活羊时，负责分配的官吏则犯了愁：这群羊大小不等，肥瘦又不均，如何分才能让群臣们没有异议呢？

皇上让大臣们献计献策，这些羊到底如何分才算合理。

有的大臣说：“可以将羊全部都杀掉，然后肥瘦搭配，人均一份。”也有人说：“干脆大家抓阄，抓到哪只是哪只，全凭个人运气。”

就在大家正七嘴八舌争论不休之时，甄宇就站了出来，说：“分只羊不是极简单的事情吗？依我看，大家随便牵一只不就可以了吗？”说着，自己便从中牵走了最瘦小的一只。

看到甄宇这样做，其他人也不太好意思专牵最肥壮的，于是，大家都挑最瘦小的羊开始牵。很快,羊被分完了,大家都没有任何怨言。

皇上看到了甄宇如此大度,就当即赐予他“瘦羊博士”的美誉。不久后,在群臣的共同推举下,甄宇又做了太学博士院的最高官员。

从表面上看,甄宇牵走了只瘦小的羊是吃了亏,但是,他却得到了皇上的器重与群臣的拥戴,实则是占到了大便宜。正所谓“吃亏是福”,一些聪明的人遇到事情是不会去斤斤计较的,而是能够成功地运用吃亏的智慧,得到更多的“福分”。

在生活中,有三种人是不肯吃亏的:一种是度量小的人,吃了亏就想不开,茶饭不思,好像被剜了肉一样,最终伤了身体,吃了大亏;第二种是火气太大,吃了亏后随即就开始双脚跳,轻则破口大骂,重则大打出手,将事情弄得不可收拾,吃大亏;还有一种是心眼小的人,吃了亏就要睚眦必报,常常让与其共事的人怨声载道,失去人气,让自己因小失大。以上这三种人因为过分计较得失,最终是都要吃大亏的。所以,如果你是以上三种人中的一种,最好要及时改正自己,在生活中该放的就放下,切莫因精于算计而让自己遭受大损失。

7 宽容是洗涤烦恼的良药

因为我们太过于去计较,所以我们经常不开心。如果我们心存宽容,能够容纳和理解世上的对错、是非,那就自然可以避免许多烦扰,没有烦扰的介入,我们的内心就自然能够获得平静和快乐了。为此,我们可以说,宽容是洗涤烦恼的良药。

在现实生活中，人与人之间难免有碰撞，即便是心地最和善的人，也难免会伤害到他人。如果过于去计较，不仅会使自己陷入无尽的烦恼之中，也会置旁人于痛苦之中。所以，我们要以宽容之心多去谅解别人，理解别人。宽容是一种博大的情怀，它能包容人世间的喜怒哀乐；宽容是一种至高的境界，它能使人跃上大方磊落的台阶。只有宽容，才能"愈合"不愉快的创伤；只有宽容，才能消除人为的紧张与痛苦。

有位德高望重的老法师，一日傍晚在禅院中散步。突然看到墙角边有一张椅子，他一看便知道有位出家人违反寺规越墙出去溜达去了。

见到此状，老法师也不作声，悄悄地走到墙边，慢慢地移开椅子，就地而蹲下来。一会儿，果真有一个小和尚翻墙而入，黑暗中踩着老法师的肩膀跳进了院子中。当他双脚着地时，才发现刚才自己踏的不是椅子，而是自己的师父。见状，小和尚惊慌失措，张口结舌，想着这下该被赶出寺院了。

但是出乎他意料的是，师父非但没有厉声地责备他，只是以平静的语气说："夜深天凉了，快去多穿一件衣服吧！"小和尚听了很受感动，从此再也不敢违犯寺规了。

故事中的老法师发现小和尚违反寺规，如果对其大加斥责，可能就会生出许多烦恼出来，小和尚最终可能也会被赶出寺院，痛苦自然少不了。而他以宽容的心态去处理这件事情，就使双方都少了许多不必要的麻烦。

宽容对于改善人际关系与身心健康都是十分有益的。如果你都以宽容之心去对待你周围的人，就自然会忽略他们在生活、工作、学习过程中的一些过失，能够有效地防止事态扩大而加剧彼此之间的矛盾，避免产生严重的后果。事实证明，不懂得宽容的人，只会使烦恼和痛苦殃及自身。过于苛求别人或苛求自己的人，必定会使自己处于极为紧张的心理状态之中，也不容易感受到快乐。

哲学家说,宽容是一个人的修养和善良的结晶;心理学家则说,宽容是家庭生活的一剂调味品,此言极是。常言道:金无足赤,人无完人。面对别人的错误、过失,聪明的做法就是宽容待之。宽容别人的同时也是在宽容自己,是在解脱自己。倘若人与人之间没有宽容,恐怕我们的生活将会充满仇恨与报复,人们也感受不到幸福的滋味。

一位幸福的老妈妈在其60周年金婚纪念日的当天,向前来祝贺的朋友道出了保持幸福婚姻的秘诀。他说:“从我结婚的那天起,我就准备列出丈夫的10条缺点,为了我们的婚姻能够幸福,我向自己承诺,每当他犯了这10条错误中的任何一条,我都会原谅他。”

这时候,人群中则有人问:“那你列出的这10条错误是什么呢?”

老妈妈听了,笑了笑说:“老实告诉你们吧,这60年来,我始终没有将这10条缺点具体地列出来。每当我丈夫做错了事情,冒犯了我,让我气得直跳脚的时候,我就会马上提醒自己:算他运气好吧,他犯的错误都是我可以原谅他的那10条错误中的一条!”

在漫漫人生旅途中,人与人之间都难免会出现矛盾和摩擦,如果我们都能像老妈妈那样,学会去宽容和忍让,你就会发现,幸福和快乐将会时刻围绕着你。

当然了,宽容并不等于纵容,它是建立在自信、助人和有益于社会的基础上的。对于别人的过失,我们在宽容它的同时,如果能以适当的方式给予一定的批评与帮助,便可以避免对方以后犯下更大的错误。

具有宽容的心,意味着你不会再患得患失。我们在学会宽容别人的同时,也要学会宽容自己。当自己有了过失,亦不必灰心丧气,一蹶不振,也不必为之痛苦,只要能从中吸取教训,便可以重新扬起工作和生活的风帆。只有宽容地对待自己,才可以让自己心平气和地投入到工作和生活之中。

学会宽容不仅有益于身心健康，而且能保持家庭和睦、婚姻美满。因为宽容中包含有理解、同情和谅解，夫妻之间如果没有宽容，再坚固的爱情地基也有动摇的时候。生活需要宽容，欢乐之花离不开宽容的灌溉。学会宽容，人的心胸就会变得开阔。当你被人误解，或者你误解了别人时，宽容会在时间的流逝中抚平一切伤痕，调和一切苦楚。

宽容是大度的弥勒佛，能够包容世间的是是非非，恩恩怨怨。因此，在日常生活中，我们要时刻以宽容的心态去面对一切，这样才能征服一切，才能收获内心的宁静和快乐。

8 让他一“墙”又何妨

人与人之间在交往的过程中，就会出现纠纷、摩擦。对于彼此之间出现的纠纷，不妨多一点谦让，多一点理解，化干戈为玉帛，才能让自己少一分烦恼，多一分平静。

据《桐城县志》记载，清代（康熙年间）文华殿大学士兼礼部尚书张英的老家人与邻居吴家在宅基的问题上发生了争执，两家大院的宅地都是祖上的产业，时间久远了，本来就是一笔糊涂账。想占便宜的人是不怕算糊涂账的，他们往往过分相信自己的铁算盘。两家的争执顿起，公说公有理，婆说婆有理，谁也不肯相让一丝一毫。由于牵涉到宰相大人，官府和旁人都不愿沾惹是非，纠纷越闹越大，张家人只好把这件事告诉张英。家人飞书京城，让张英打招呼“摆平”吴家。

张英大人阅过来信，只是释然一笑，旁边的人面面相觑，莫名其妙。只见张大人挥起大笔，一首诗一挥而就。诗曰：“一纸书来只为墙，让他三尺又何妨。万里长城今犹在，不见当年秦始皇。”交给来人，命快速带回老家。

于是家人立即将垣墙拆让三尺，大家交口称赞张英和他家人的旷达态度。张英的行为正应了那句古话："宰相肚里能撑船。"宰相一家的忍让行为，感动得邻居一家人热泪盈眶，全家一致同意也把围墙向后退三尺。两家人的争端很快平息了，两家之间，空了一条巷子，有六尺宽，有张家的一半，也有吴家的一半，这条几十丈长的巷子虽短，留给人们的思索却很长。于是两家的院墙之间有一条宽六尺的巷子。

“忍让”中的“让”不是一种无能的表现，更不是低人一等的表现，而是一种大度的风格，一种高尚的情操，它是处理人际摩擦、矛盾的黏合剂，也是使心灵获得快乐的重要秘诀。

在日常生活中，有的人在与朋友相处过程中，常因为不懂得忍让而与对方发生矛盾或冲突，有的甚至还大打出手，结下“世仇”，不仅损害了自己的形象，还给自己的工作、生活和事业带来一定的负面影响，让自己陷入无尽的痛苦和烦恼中。

肖林是广州一家贸易公司的业务经理，有一次他代表公司去一家公司进行商业谈判，没想到双方因为商品价格问题发生了很大的矛盾。

肖林当时十分生气，明明自己报的是市场价，而对方却认为肖林做人不地道，肖林也回了句：“做人地不地道不是由你说了算的！”这时，对方代表突然站起来，直奔肖林面前，然后挥舞着愤怒的拳头，对他大发雷霆道：“肖林，我们以前合作过多少次了，真能看出来你是一个无利不图的奸商！我有绝对的理由说你做人不地道！”肖林当时也怒火中烧，便顾不得许多，与对方恣意地谩骂了起来，双方还差一点动起手。

最终，谈判没有往下进行，双方就不欢而散。肖林当月因为没有完成领导的销售任务而被扣了奖金。后来，那个客户又打电话给肖林的领导，说肖林当众骂人之类的话，两个月后，肖林因为失去了一位大客户，给公司告成了一定的损失，就被降了职，心中极度地痛苦。

由此可见，不懂得忍让的人，不仅会让自己遭受一定的损失，而且还会将自己的精神拖入更大的痛苦之中。所以，面对生活中的各种摩擦与矛盾，最好不要感情用事，不能因争一时之高低而丧失理智，最好能尽快地冷静下来，放下过多的计较，不妨让他一“墙”，才能最终圆满地达到自己的目标。

心平气和地忍一时才能迎来风平浪静，潇洒大度地退一步才能欣赏海阔天空。人与人之间只有相互谦让，才能其乐融融；只有多一些宽容与理解，才能和睦相处，才能多一些快乐，少一些烦恼。

为此，在与人相处中，我们如果能够放下计较，敞开心胸，肯让一“墙”，那么，我们的生活便会增添许多幸福和快乐，烦恼和痛苦也就不存在了。

9 心有多宽，世界就有多广

在工作、生活中，总会有一些繁杂的、突如其来的事情来不断地扰乱我们的内心，我们在忍受的同时亦在接受着内心的考验：考验我们的心有多么坚韧，胸怀有多么的宽广。也许，我们的度量大不到可以撑下船的地步，但是我们可以试着深深地吸一口气，将眼光放得远一点，也许我们就能够看到不同的景象。

有这样一个有意思的故事：

苏东坡有位好朋友——佛印，两人经常在西湖一起参禅悟道。佛印是位老实厚道的人，苏东坡古灵精怪，经常占他的便宜。

有一次，苏东坡就问佛印："佛印，你看我像什么呢？"佛印老老实实地睁开眼睛，说："我看你像一尊佛。"苏东坡说："你知道我看你像什么吗？你往那儿一坐，就像一堆牛粪！"说完他就开始哈哈大笑起来，而佛印只是闭着眼睛，并没有答理他。

晚上回到家中，苏东坡就很得意地把这件事告诉了自己的妹妹。妹妹听完后，就冷笑着说："哥哥呀，就你这样的悟性还配去参禅呀？参禅讲的是见心见性，心中有，眼中才有。佛印说你像尊佛，说明他心中真有尊佛，正因为如此，他才对你的无理不争不怒。你看他像堆牛粪，你自己想想你心中有什么吧？"苏东坡听罢妹妹之言，惭愧得无语。

我们所看到的外在世界，都是内心的一种折射，你所看见的，必定也是你心中所有的，心灵怎样，所表现出来的状态也就会是什么样子。所以，在生活中，当我们无力去反驳别人对我们的指责的时候，当我们面对上司的无理要求而反抗无效的时候，当遇到形形色色的不公的待遇无能为力的时候，还是把眼光放远一点吧。没必要让这些厌恶的情绪持续地影响我们的心境，并适时地告诉自己：他们的计较是因为他们心中只能装得下眼前这些厌恶，而我们的内心应该装得下过去、现在和未来。所以，我们也没有必要与他们一般见识。

其实，人与人之间原本是没多大区别，只是因为各自心中的世界不同，而造成截然不同的人生结局罢了。

有时候，我们也会抱怨世界不够大，施展个人才华的舞台也不够大。其实，世界与舞台的大小都源自我们的内心。有一句话说得好："心有多大，舞台就有多大”，要成就梦想，只有扩大自己的心灵空间，做到心胸宽广、眼界高远，才能得到最大的成功。

一位著名音乐家初到美国时，是靠街头卖艺生存下去的。当时与他在一起卖艺的还有一个黑人琴手，当时他们配合得相当好。后来，这位音乐家因为不甘心，就努力地想改变自己的生活，他边卖艺边进修，后来经过努力终于考上了理想中的大学。十年以后，他已经是国际上知名的音乐家了。

有一次，音乐家发现当初与自己一起卖艺的那位黑人琴手还在街头拉琴，就走过去主动问候。那位黑人琴手一看到他，开口便问道：“嘿！伙计，你现在在哪个地区拉琴呢？”

很显然，由于内心的想法不同，眼界不同，他们已不再是同一个世界中的人！所以说，什么样的心态就能产生什么样的结果，心有多宽敞，你周围的世界就会有多大。

在美国的一所著名大学，一位哲学家曾让他的学生做过一个这样的实验：他拿出一张 A4 的白纸举在同学们的面前，并集中注意力地盯着这张纸，请周围的同学告诉他，他们看到了什么？

有的同学说：“我看到的只是一张白纸。”有的同学说：“我什么也没看见。”有的同学却说：“我看不到尽头。”

最后，这位哲学家就对第三类同学投去了赞扬的目光，并说：“我比较欣赏这些同学的眼光，因为他们的目光不只是盯在一张纸上，他能超越出事物的本身，想到未来。这样的人，眼界往往比较高远，心胸也更为宽广，也容易使人生更为辉煌。”

人们常用“世界有多大，心就有多大”来夸耀那些有远大志向的人，但是如果我们能将这句话颠倒一下，改为“心有多大，世界才有多大”，你也能从中发现人生的另一种道理。

认识到这些，我们再回首一下自己走过的路，就会发现，当初让我们都觉得天都要踏的许多困难，在现在看来只不过是一些鸡毛蒜皮的小事而已；当初那些让人感到快要窒息的斥责，现在看来也显得极为可笑了；过去那些令自己万分痛苦的事情，现在也只是供自己茶余饭后闲聊的一个话题罢了……一切的一切不都过去了吗？再痛苦、再不幸也只是生命的一个过去而已，只要把心灵放大一些，不要将那些不快留在我们的眼前与心中，一切都会成为永远的过去。

所以，不要太去计较眼前的一些痛苦和烦恼，那只会缩小我们的内心，心小了，如何能装得下未来的大千世界呢？

10 多一些大度，少一些计较

与人交往很难做到完美，人与人之间的关系总是很难把握的，总是有不尽如人意的时候。这个时候我们就要学会大度，学会大气，学会宽容，学会豁达。大度是一种睿智的人生态度，它教会人们学会隐忍，学会堂堂正正做人，坦坦荡荡做事。只有大度的人才不会在意一城一池的得失，才能赢得人心。

大度又是一种风度。大度的人愿意听取别人的观点，愿意采纳正确的意见，能够谦卑地与人交往。但是大度的境界需要用德行去修养，用智慧去创造，大度的人往往拥有美好的心境，拥有君子般的风度，能够更为融洽地与人交往。

商店里的丽莎小姐好不容易才找到一份在高级珠宝店当售货员的工作，她十分珍惜这份工作，干起来也很认真。在圣诞节的前一天，有一位30多岁的顾客进了店里。他的穿着非常干净，看上去十分有修养。但是从他的面容上却让人感觉到他是个遭受了失业打击的人。这时，店里的职员都出去了，只剩下丽莎一个人。

丽莎热情地向他打招呼："您好，先生，您想要些什么？"这个男子不自然地笑了一下，他不好意思地说："小姐，我随便看看。"然后她的目光从丽莎的脸上慌忙躲闪开，就在店里转着看。

这时，电话铃响了，丽莎就去接电话。她一不小心，将摆在柜台上的盘子打翻了。盘子里有6只精美昂贵的金耳环。丽莎慌忙去捡，可是她只捡到了5只，她反反复复地找，怎么也找不到第6只。当她抬起头的时候她刚好看到男子向门外走去，她一下子反应过来那第6只耳环在那里。

就在男子将要走到门口的时候，丽莎轻声地叫道："先生，请等一下。"

男子转过身来，两个人相互对视着，丽莎的心跳得十分厉害，她不知道该怎么办，万一她要是喊叫的话，这个男子对她动粗该怎么办。他会不会伤害她？

"什么事？"男子开口问她。

丽莎控制住自己的情绪，终于鼓起勇气，对他说："先生，今天是我第一天上班，你知道，我找这份工作有多么不容易，您能不能……"

男子的目光极不自然，他看了丽莎很长时间。丽莎的表情非常诚恳，过了很久，男子的脸上浮现了一丝微笑，丽莎也舒了一口气，对着他也微笑起来。两人这时就像两个朋友一样，男子对她说："是的，工作不好找。但是我能肯定，你一定会在这里继续干下去，并且还会做得很出色。"

停了一下，男子又说："我可以为你祝福吗？"他把手伸向她，他们相互紧紧握完手,然后男子轻松地走出了商店。

丽莎小姐看着他走出店门之后,转身走向柜台,把手中的第6只耳环放回原处。她真庆幸一切都过去了,她在心里为那个男子祝福。

理解和大度能打动人心,聪明善良的丽莎小姐找到了解决问题最好的方式,就是大度和善良。她设身处地地为男子着想,化解了尴尬,让男子从容地将东西放回原处,达到了完美的效果。我们可以想象:两人若是发生冲突,将会出现怎样的后果?所以,大度为人,那么别人就会靠近你的身边,彼此可以进行心灵上的交流,一切都会变得和睦起来。

要大度,首先要学会为人着想,学会从对方的立场上来看问题,这样自己的观点也会更加客观,态度也会更加冷静。如果每个人都能够以大度的心态去对待别人,那么生活就会过得极为美妙与融洽。大度为人是一种较高的素质也是一种情操。大度并不意味着怯懦和胆怯,而是一种开怀处世的心态。大度的人是健康乐观的人,这种人会用博大的心胸原谅身边人的一些小的过失,从而使自己获得心灵上的解脱。

有一位妇人远离家乡来到美国,她在美国开了家小店买蔬菜。由于她的菜十分新鲜价钱又公道,所以她的生意特别好。这就让其他摊位的小贩十分不满。大家经常在扫地的时候有意无意地都把垃圾扫到她的店门口。但是这个妇人十分大度,她并没有计较,反而每次都把垃圾扫到角落堆起来,然后把店门口清扫得干干净净。

她的旁边有一个卖菜的墨西哥妇人观察了她很多天,最后她终于忍不住了,便问她:"大家都把垃圾扫到你的门口,你为什么不生气呢?"妇人笑着说:"在我们国家,过年的时候大家都会把垃圾往家里面扫。因为垃圾就代表财富,垃圾越多就代表你来年会赚很多的钱。现在每天都有人把垃圾送到我这里来,我感激还来不及呢!这就代表我的财运会一直很好。我怎么舍得拒绝呢？”

墨西哥妇人听了之后就把这些话传到各个小贩的耳朵里，从此以后，再也没有垃圾出现在妇人的门口。

妇人将诅咒化为祝福的智慧令人惊叹，但是更重要的是她的大度和与人为善。她宽恕了别人，同时也为自己创造了一个和善的环境，和气生财就是这个道理，所以她的生意才会越做越好。倘若她采取消极的方式去对待，试想一个外乡人又怎么能斗得过这些本地人呢，针锋相对的后果只能让事情变得更加糟糕。所以说，大度为人，少一些计较，会让事情变得好起来，也会让人与人之间的关系更为融洽。

有的人在你辛勤播种的时候袖手旁观，但是在你收获的时候却毫无愧色地来分享你的果实，遇到这种人，就要学会大度，你做出一点牺牲但是却成全了别人的欲望。总比到最后两者相争要好得多。心胸狭窄的人总是抱怨不休，纵使他有天大的本事也难以有所建树。做个大度的人，你就会发现天地如此广阔。不要在彼此摩擦中浪费时间和生命，天地很大，比天大的是人的心胸。每个人都大度一些，生活就会变得和谐而美好。

第二章 人之所以会失落，是因为空念太多

——活在当下，梦里忧欢终枉然

漫漫人生路上的时光仅仅只有三天：昨天、今天、明天。昨天早已过眼云烟，一去不复返，再如何悔恨也无济于事，所以我们不必为过去的痛苦而失去现在的心情；明天会怎样还是个未知数，可望而不可即，再怎么忧虑、惶惶不可终日，也不过是自己的空念。只有今天，今天的心、今天的事与今天的人，是实实在在摆在我们面前的，也只有认真过好现在的时光，抓住现在的快乐，才能够收获快乐的人生。

1 执著于空想是一种负担

一个人若执著于空想，只是在给自己的思想增加负担，也只是在白白浪费自己宝贵的时间。生活中我们会听到很多人这样说：我不是不想成功，而是我还没有考虑好，还不知道自己到底做什么而已。那你什么时候才能考虑好呢？要知道，你身边的一切皆来自于真真实实的生活，一味地空想，只会把事情复杂化，让你越来越不敢去面对现实的压力，这样不仅只是在给自己的思想增加负担，而且最终也不会取得成功。

有一个年轻人，每天都想着怎样一举成名，想了很多方法，但是从来没有认真做过一件事。他只是执著于每天的空想之中，两年过去了，还是一点成效也没有。为此，他非常烦恼，也极为焦虑。

有一天，他在散步的时候，偶然间遇到了一位名扬天下的智慧大师，于是，他便急忙高兴地走向前，请教他是如何成名的。

他问智慧大师说："我每天都在想如何成名，想了许多的方法，但是两年过去了为何一点成效也没有？"智慧大师了解了他的心理。就问他："你是否真的很想出名？"

"对啊！我连做梦都在想，我什么时候才能像您一样出名呢？"年轻人忙不迭地回答。

"等你死后，你很快就会出名了。"智慧大师不慌不忙地说。

"为什么我要等到死了以后才会出名呀？"年轻人吃惊地问道。

智慧大师就告诉他："因为你一直想拥有一座高楼，可是从没有动手去建造这座高楼。所以，你一辈子都生活在空想之中，等你死后，人们就会经常提起你，以告诫那些只会做白日梦、不肯动手去做事的人，如此以来，你就成名了。”

空想与目标的距离有时仅一步之遥，如果只执著于空想，会让你的心灵永远被烦恼所缠绕。是的，有梦想但仅仅只执著于空想的阶段，永远也达不到你想要的结果，只会徒劳地给自己的思想增加无谓的痛苦。

要想让自己的心灵不再烦恼，要想让梦想变为现实，唯有立马去行动，将你的想法变成切实的行动，这是解救自己的唯一方法。

杨波是被公认的有才华之人，但是他重点大学毕业已经四五年了，还没有做出任何成绩。看着自己周围的朋友、同学，有的已经做了主任，有些已经创业成功成为老板，自己就不免感到有些怅然若失。

原来，杨波是典型的爱幻想者，他有很多的梦想，每次与朋友、同学见面后都激情飞扬地大谈自己的理想，但是他从来没有付出过任何行动，即便付诸了行动，也因为遇到挫折马上中断了。他永远是想得多做得少，总是将实现梦想的过程想得太过于艰辛，方方面面都想得很是仔细，各种风险都能预见到，畏首畏尾，最终也不了了之，行动还没开始已经把自己吓倒了。为此，他自己也痛苦至极。

他的好朋友赫雷见他如此，就劝解他要大胆地去做，不要被无谓的空想吓倒了。最终，杨波也清楚地认识到了自己的致命弱点，就立即辞了自己稳定的工作，风风火火地创办了自己的公司，3 个月后，业务已经开展得相当不错，让周围的朋友对他刮目相看。

在一次接受记者采访时，他这样说道：“过去只是活在空想的世界中，把所有的事情都想复杂化了，其实真正付诸于行动后，才知道很多事情并没有自己想得那样复杂……烦杂的思想有时候真的可以成为你成功道路上的阻碍！”

是的，烦杂的思想在很多时候可以成为你成功道路上的最大阻碍，所以，要达成目标，你必须切实地摒弃它们，只有将你的身心置于切实的行动之中，你的思想才不容易被一些烦杂的事情所缠绕。

我们每个人都有过空想，适度的空想对人是有一定积极作用的，但如果你一直执著于空想之中，就会被空想所累。所以，当我们的心灵被空想的烦恼盘踞的时候，一定要行动起来，行动是治疗空想烦恼的最好良药，也是实现个人目标的必经之路。你时刻要清楚地知道，不管你的梦想有多么美好，它只是一个梦；只有行动起来，把它变成真实存在的，才是可以拥有的。

2 没有值得你忧虑的事情

世界的万物都是过眼云烟，我们无须为所有无价值的东西去忧虑，活在现在，寻求现在的快乐才是生命永恒的真谛。但是，现实生活中，很多人却不懂得这个道理，整日让无谓的忧虑去缠绕自己的内心。

夜很深了，一位富商不停地在床上翻来覆去，他的妻子就劝慰道：“睡吧，别胡思乱想了。”

“噢，老婆啊，”富商说，“在几个月之前、一个月前我向邻居借了一笔钱，明天就是还钱的日子了。但是你也知道，我们现在哪有钱啊！你也知道，借给我们钱的那些邻居们简直比蝎子还狠毒，我要是还不上钱，他们绝对是饶不了我的。你说现在我还能睡得着吗？”

妻子看他焦虑的样子，就试图想让他放宽心，劝道：“睡吧，你这样忧虑，明天就能够把钱还上吗？不会！你这样不是在折磨你自己吗？”

“不行呀，从哪里弄来钱呢？真是没有一点办法啦！”丈夫大声地喊叫着。

见到丈夫还是不听劝，妻子终于忍耐不住了，她起身爬上房顶，对着邻居家高声地喊叫道：“你们知道，我丈夫欠你们的债务明天就到期了。现在我告诉你们：我丈夫现在没有钱还债！”然后就跑到卧室，对丈夫说：“这回睡不着觉的应该是他们了。”

富商为明天的债务产生的忧虑，邻居为明天富商还不上债务所产生的忧虑，其实都是不必要的，这些忧虑只是自己心中的空念罢了。我们可以试想一下：他们这样忧虑是不能改变任何明天的任何状况吗？不能！正如富商妻子所说，为明天的事务所忧虑纯粹是在折磨自己。

在日常生活中，你是否也有过类似富商一样的经历：夜很深了，你的心中总是缠绕着无尽的忧虑，似乎全世界的重担都压在你的肩膀上。如何才能赚更多的钱？怎样才能得到一份薪水更高的工作？如何才能拥有属于自己的一套住房？如何才能获得上司的信任与好感？如何做才能搞好与同事们之间的关系？……你脑中有如此一串串的烦恼、难题与亟待要做的事在那里滚转翻腾！你开始意识到，真该休息了，不然明天又该迟到，这个月的奖金又没了……开始有意识地控制自己，但是最终这些一串串的思绪还是东飘西荡地翻滚起来：明天的粮食会不会涨价？明天上班该穿哪一件衣服？你这一夜仿佛真的无法入睡了！

其实你能够睡得着的，只要你采用一种极为简单的方法，对自己说：“不要怕，一切由它去吧。”“一切都会好起来的！”等此类的话，说上几遍，每说一次做一次深呼吸，然后放松！对自己说的同时，心里也要这样想，将心中的恐惧、烦恼、仇恨、不安全感、内疚、悔恨与罪恶感从心中腾空，这样才能获得内心的平静。心灵上获得了平静，也就意味着人体会到了生命的真谛。

当然了，我们说不要为未来忧虑，并非说全然地不为未来考虑。这就需要我们分清楚忧虑与计划的区别，虽然二者都是对未来的一种考虑。但是计划是明天的行动指南，有助于你更有规律地实现未来的活动，而忧虑则是你对未来可能发生的事情而忧心忡忡，不知所措，才是忧虑，它是一种消极的情绪，它也不会为未来的事情产生积极的效果，只会浪费自己现在的宝贵时光，正因为如此，我们要尽力地摈除它。

最后，要记住一点，世上没有任何事情是值得你忧虑的，绝对没有！你可以让自己的一生都在对未来的忧虑中度过，但是你要知道，无论你多么忧虑，甚至抑郁而死，那也无法改变现实。

3 烦恼和快乐都由心而生

在生活中，面对同样的事，为什么有的人很快乐，而有的人却充满烦恼呢？这主要是由人的内心决定的。哲学家说："你的快乐与你的悲伤都是由心而生的，它不会受外界的任何理由所影响！"同样的事物，由于人的心态不同，其结果也是不同的。

任何的烦恼和快乐都是由你的内心决定的，你如果用悲观的心态看待事物，最终得到的也只是烦恼和痛苦；而你用乐观的心态看待事物，就能够得到快乐和满足。

年迈的约翰·艾弗里有两个可爱的儿子，大儿子杰西平时就十分悲观，总是很沮丧的样子；二儿子亚德却十分积极乐观，每天都乐呵呵的。所以，约翰·艾弗里平时为了能让杰西快乐起来，就对他十分偏爱。

在圣诞节来临前，约翰·艾弗里分别送给他们两个人完全不同的礼物，在夜里悄悄地把这礼物挂在圣诞树上。第二天早晨，兄弟俩都起来了，想看看圣诞老人给自己的究竟是什么礼物。哥哥杰西的礼物很多，有一把气枪，有一双羊皮手套，还有一辆崭新的自行车和一颗漂亮的足球。哥哥将自己的礼物一件一件地取下来，但是他内心却并不高兴，反而忧心忡忡的。

父亲见状，就问他："这些礼物你都不喜欢吗？"杰西拿起气枪说："看吧，如果我拿这支气枪出去玩，说不定会打碎邻居家的玻璃，这样一定会招来一顿责骂；这一双羊皮手套很暖和，但是说不定我戴着出去会挂到树枝上，这样一定会生出许多烦恼；还有，这辆自行车，我骑出去倒是能玩得高兴，但说不定会撞到树干上，会因此而受伤；而这颗足球，我终究是要把它踢爆的。"父亲听到此，没有说话就出去了。

刚出门就看到他的小儿子亚德除了收到一个纸包外，什么也没有。但是，当他把纸包打开后，不禁哈哈大笑起来，一边笑，一边在屋子里到处寻找着什么。父亲问他："你为什么这样高兴？"他说："我的圣诞礼物是一包马粪，咱们家一定会有一匹小马驹就在我们家里。"最后，亚德果然在屋后找到了一匹小马驹，很是兴奋地跳起来。随后，父亲也跟着笑起来："真是一个快乐的圣诞节啊！"

其实，在工作和生活当中，许许多多的事情都是这样，乐观的情绪总会给人带来快乐的、明亮的结果，而悲观的心理则不管他得到什么，都不会快乐，而这一切都是由个人的内心决定的。所以，悲观是自己酿造的苦酒，怨不得周围的任何人与事；快乐也来自于我们的内心，它并不是非要借助于外物就能够得到的。

同样地，在现实的生活中，我们内心的许多忧虑往往并不是起源于外界的危险信号，而是源于我们内心的非理性想法。我们总是担心疾病，担心车祸、担心失业，但是实际上这些都只是我们内心的想象而已。在这背后，隐藏着你这样的一个想法："生活必须是平安的，并且要按照我希望的方式进行，而不要有太多的麻烦和困难，如果不是这样，我可就无法忍受了。"你要知道，你这样去烦恼，是不能改变任何事实的。

快乐也是一天，悲伤也是一天，与其烦恼地过，不如快乐地活。而快乐与悲伤都是由我们内心所生，我们要想获得快乐，就应该尽早地摈除内心的烦恼和痛苦，把内心的阴郁的情绪打扫干净，让自己快快乐乐地过完当下的时光。

4 理性地面对现实世界

在生活中，我们会为现实的一切而莫名地担忧，担忧灾难，担忧人生路上的困难……实际上你所担忧的这些都是你内心的想象而已。因为你总是希望自己能够一帆风顺地度过此生，所以，你总会担心未来是否会发生一些意想不到的灾难，你才对明天不知道会发生什么而感到恐惧。但是，你要知道，这个世界不是伊甸园，生活本来就是十分严酷的，它更不是一潭死水，困难与挫折虽然为我们的人生增加了变数，但是也为人生增添了无数的色彩。如果你能够理性地看待你周围的生活的话，如果你能够接受人生本来就充满了无数的磨难这个事实，那么你就可能不会对未来的现实而过分地担忧。

是的，现实生活并不如我们所想象的那么美丽，灾难、战乱、环境危机都是我们必须要面对的问题。与此同时，我们还应该知道，这些问题从人类社会出现起就已经切实地存在了，并且我们可以见到的未来也不可能会消失掉，我们过分地为这些担忧，根本不能改变什么，唯一能做的就是努力用自己的智慧与双手去应对与改进那些我们不愿意看到的事情。如果我们每个人都愿意为此努力的话，世界将会变得更为美好。

事实上，我们今天已经比我们祖先那时要进步、文明得多，这是我们努力的结果。可是，如果我们仅仅为世上发生的苦难哀叹不已，只是抱怨“这真是太糟糕了，我该怎么办呢？”那么，你眼前的世界可能只会变得更糟。

请记住，对现实世界的善意的关切是健康的，并且也是有益的，因为它可以促进你做一些有实际意义的工作，会促进你对改进我们的世界作出一些有意义的贡献。但是过度地关切则是不符合理性的，因为它会带给你焦虑和沮丧，进而也会使你丧失改变现实的信心，你的悲观失望只是让这个世界多了一个有着消极心理疾病的病人而已。

另外，在很多时候，你心中的任何“困难”，最为可怕的并不在于困难本身，而在于你将它的严重性做了过分地扩大，并且最终被困难所吓倒。

罗斯福在担任美国总统期间，西方世界陷入了一次有史以来十分严重的一次经济危机，美国也受到了前所未有的经济困难。美国社会经济萧条，在街上随处涌动着失业人群，股市的崩盘也使许多原本富有的人在一夜之间变得一无所有……整个社会最终陷入极为严重的恐慌之中。在这样的局面下，罗斯福说了一句至理名言：“恐惧最可怕的地方并不是恐惧本身，而是我们内心对恐惧的扩大化。”

他发表的著名的“炉边夜话”，帮助人们稳定情绪，平息内心的恐惧起到了十分重要的作用。当内部的恐慌平息后，罗斯福顺利实施了“新政”，最终带领人们走出了困难。

要明白，人类社会从原古发展到今天，是经历了无数次的考验的，遇到了一次又一次的战争、瘟疫和饥荒，但是最终人们还是用勇气和智慧战胜了它们。同样地，一个人的发展也是如此，人生从来都不会是一帆风顺的，任何人的人生都会充满挫折与磨难，这是无可避免的。在很多时候，你的所谓的“可怕”，追根究底，也只不过是自己的想象力在作祟罢了，任何人都不会比你幸运，你也不会比别人更不幸，你当前过分对未发生的事情担心，只会把你宝贵的当前白白地浪费掉。

在一座山上，有两块形状相同的大石头。它们一同在山上待着，但是3年后，两块石头的命运却发生了截然不同的变化，一块石头脱胎换骨，成为一尊受万人敬仰和膜拜的佛像；而另一块石头则是每天伫立在路上，受到万人的践踏。

对此，那块受人践踏的石头心中十分不满，就问：“老兄呀，3年前，咱们还同为一座大山的石头，今天为何会有如此大的差距呢？”

另一块石头回答道：“老兄，你难道忘记了吗？在3年前，有一位雕刻师来到我们这里，我们俩都请求他把我们雕刻成艺术品，但是当他刚在你身上动了3刀，你怕痛不让他动你了。而我那时候却只想着自己未来的模样，所以也不在乎刻在身上一刀刀的痛，就坚强地忍耐下来了。为此，我们的命运就发生了改变，我忍受了千刀万剐之苦最终却成了一尊受人敬仰的佛像，而你却因为忍受不了雕刻之苦，成了废石，人们便把你铺在了通往庙宇的路上。”

同样的石头，一块愿意忍受苦难，最终成为受人敬仰的佛像；一块忍受不了痛苦，最终只能成为受众人践踏的普通石头。同样地，一个人要获得发展，要做出一些成绩，必然是要经历一些磨难，除非你想一生都一事无求，碌碌无为。为此，我们也要对自己的人生有个理性的认识，学会保持一份平和的心态，坦然地去面对人生之路上的痛苦，坦然地面对生活与未来，这样一些过分的、毫无必要的忧虑就会远离你。

同时，你还要明白“祸兮福之所倚，福兮祸之所伏”的道理，你所期望的幸运之中可能暗藏玄机，你所遭受的逆境中也可能存在幸运，你无须过分地为未来的不幸和挫折所担忧，也许你所担心的灾难之中蕴藏着意想不到的幸运。总之，只要你能以一颗淡然的心态，以积极乐观的心态去面对眼前的一切，那么你的收获才会多于损失，幸福才会大于烦恼，人生才能拥有真正的快乐。

5 不要透支明天的烦恼

哈里伯顿说：“怀着忧愁上床，就是背负着包袱睡觉。”可是，许多人心里都潜藏着一只名字叫做“烦恼”的小蚂蚁，常常出来吃掉自己难得的快乐。

有位小和尚，每天早上的主要任务就是到寺庙中清扫落叶。在冷飕飕的清晨起床扫落叶确实是一件极为辛苦的事情，尤其在每年的秋冬之际，只要一起风，树叶就会随风飞舞落下。小和尚每天早上起来，都需要将大部分的时间花在清扫落叶上，这令他头痛不已。

他其实一直都在想办法，想让自己轻松些。后来，一位老和尚就告诉他说：“想省些力还不简单，只在明天打扫之前先用力摇树，将落叶统统摇下来后，后天就可以不用那么辛苦，去花费那么多精力去打扫落叶了。”小和尚觉是这真是个好办法，于是隔天就起了个大早，就使劲地用力猛摇树，他想这样就可以将今天与明天的落叶一起清扫干净了，所以，他一整天都极为开心。

第二天，小和尚起来到院中一看，不禁又傻眼了。院子里如往日一样又是铺满了落叶。最后，寺院的住持走了过来，意味深长地对他说："傻孩子，不管你今天用多大的力气，明天的落叶还是照样会飘下来呀！"

如果总为了明天而烦恼，就会在无形中给心理施加压力，让自己觉得活着步履维艰，人生既辛苦又乏味。话虽如此，可依然有很多人都会像小和尚一样，把大量的时间花费在消沉和抱怨之中，妄想着人生会与真实的有所不同。他们忘了，今天有今天的事情，明天有明天的烦恼，很多事无法提前完成，过早地为将来担忧，于事无补。况且，人们烦恼的事情都不是必需的，它们也许只存在于自我的想象中，并不会真的出现。美国作家布莱克伍德在一篇文章中，写了他在第二次世界大战期间的一段亲身经历。

40多岁的布莱克伍德，因为战争的到来，众多烦恼也一并而来。他所创办的商业学校，因为男孩子都入伍作战去了，而面临严重的财务危机；他的儿子在军中服役，生死未卜；俄克拉何马市征收土地建造机场，他的房子就位于这片土地上，而他能够得到的赔偿金却只有市价的十分之一；他的大女儿提前一年高中毕业，上大学需要一大笔费用，而这笔钱他还没有筹到。布莱克伍德正坐在办公室里为这些事烦恼，随手拿了一张便条写了下来，苦想对策，但都没有想出好的解决办法。最后，他只好将这张纸条放进了抽屉。

几个月过去了，布莱克伍德已经不记得自己写过这张便条。一年半之后的一天，他在整理资料时，无意中又发现了这张列下摧折他的烦恼事。一边看，他一边又觉得十分有趣，因为那些烦恼和担忧没有一项真正发生过。

他担心商业学校无法办下去，可政府却拨款训练退役军人，他的学校很快就招满了学生；他担心自己的儿子在战争中受伤，可最后他毫发无损地回来了；他担心土地被征收去建机场，可后来因为住房附近发现了油田，他的房子没有被征收；他担心长女的教育经费凑不齐，可他找到了一份兼职稽查工作，解决了这个难题。

最后，布莱克伍德得出了一个结论："其实，99%的与其烦恼是不会发生的，为了不会发生的事饱受煎熬，真实人生的一大悲哀！"

许多烦心和忧愁都是自己给自己绑的绳索，是对自己心力的无端耗费，这就如同自我设置的虚拟的精神陷阱。怀着忧愁度过每一天，设想自己可能遇到的麻烦，只会徒增烦恼。实际上，等烦恼真的来了，再去考虑也为时不晚，别忘了人们常说的那句话："车到山前必有路，船到桥头自然直。"

今天如同一座独木桥，只能承载今天的重量，假若加上明天的重量，必定轰然倒塌。所以，不要想太多有关未来的事，不要顾虑太多，只要好好地享受、欣赏现在的生活就行了。活着的本分就是做好今天，明天永远是属于天主的。当事情还没有发生的时候，不必徒然地担忧，就算我们所担忧的事情真的发生了，也可能因为一些其他的事情而改变，让事情朝着好的方向发展。

6 莫为过去而感到悲伤

过去的事情消失在流逝的时光里，你是再也找不回来了，它仅仅代表你生命中流逝的部分，并不代表现在，更不能代表未来。所以，我们无须沉浸在过去的悲伤里。一位哲人这样说："未来的种子也深埋于过去的时光里，如果你不能正视自己的过去，很难让你的现在和未来开花结果，这可能会导致更多更大的不幸。”

有一位妇人，她在上街的时候，不小心掉了一把雨伞，就因为这一件小事情，她一路上都十分懊恼，还不停地责怪自己，怎么如此不小心。等她回到家之后，才发现，她由于太专注自己已经丢失的那把雨伞，最后在仓促与不安中，一不小心把自己的钱包也弄丢了。

这就是得不偿失，过去的已经过去了，也成为过去时了，已经不能挽回了，所以眼前就应该好好活在当下。要知道，明天又会是全新的一天，过去无法在你的现在里生存。

保罗博士是美国纽约市一所著名中学的教师，他在任教期间发现这样一个问题：班上的有些学生平时看起来很用心，但是却总是考不出好成绩。

为此，他就对这些学生展开了调查，发现这类学生经常会为过去的成绩而感到不安，他们经常生活在过去的阴影里，只要有一次考试失败，他们就会生活在自责之中，以致影响了下一步的学习。有的学生甚至从交完试卷后就开始为自己的成绩忧虑了，总担心自己不能及格。为了开导这类同学，保罗博士给他们上了这样一堂难忘的课。

有一天，保罗博士把这类学生招集到实验室，在给他们讲课的过程中，无意间就把一瓶牛奶放在室验桌上。下面的学生们很是不明白这瓶牛奶与自己所学的课程到底有什么关系，只是静静地听着他在讲课。忽然，保罗博士就站了起来，一巴掌将那瓶牛奶打翻在地上，并大声喊道：“不要为打翻的牛奶哭泣！”

课堂上的同学都震惊了，但是保罗博士却叫所有的学生都过来，并围拢到洒满牛奶的地方仔细观察那破碎的瓶子与淌着的牛奶。博士一字一句地说：“你们仔细看一下，现在牛奶已经淌光了，无论你再抱怨、再后悔都没有办法去取回一滴。你们要是在事前想一些预防的措施，那瓶牛奶还可以保住，但是现在却晚了。我们现在唯一能做的就是尽快地将它忘记，然后注意下一件事情。我希望你们永远能够记住这个道理！”保罗博士的这些表演，使所有的学生学到了课本上没有的人生道理。

“不要为打翻的牛奶哭泣”，深刻地说明了我们不要沉浸在过去的悲伤里。过去的已经成为历史，你可以设法改变以前所发生事情产生的后果，但不可能改变之前发生的事情。唯一能使过去的事情成为有价值的办法就是，以平静的心态分析当时自己所犯的错误，然后从错误中吸取教训，随后再将这种错误忘掉。过去不能回到现在，为过去哀伤，为过去遗憾，除了劳费我们的心神，分散我们的精力，并没有给我们带来一点好处。

当下的一切是完全可以掌握在你的手中的。有句话说得好：我不能左右天气，但是我可以改变心情；我不能改变容貌，但是我可以展现笑容；我不能控制他人，但是我可以掌握自己；我不能样样胜利，但是我可以事事尽力；我不能决定生命的长度，但是我可以控制生命的宽度；我不能改变过去，但是我可以利用今天。外界的事物左右不了我们什么，重要的是我们当下的心态。

也许很多人会说，过去对我的伤害太大了，我无论如何也忘记不了过去。不，你可以忘记的，只需要转变一下当下的心态。你可以静下心来这样想：正是因为过去的不幸，才让自己学会了满足于当下的生活。当时的痛苦都已经承受下来了，难道你还没有勇气去面对当前的生活吗？所以，我们完全可以对过去的任何事情怀一颗感恩的心，这样才能让自己尽快地从昨日的痛苦和烦恼中走出来，世界上没有什么坎是过不去的。

“何必眉不开，烦恼无尽时，一切命安排，当下最悠哉。”做人就应该活在当下，只有心存对过去的一份美好的感恩，生活就会过得安然而又超脱，也就到达了人生的另外一种境界。

⑦ 每一个刹那都是唯一

威廉·格纳斯是一位著名的心理医生，在行医过程中，他接触最多的就是因焦虑和忧愁而生病的人，他们不是为过去烦恼就是为未来忧虑，长期闷闷不乐，毁坏了健康。为了能够更彻底地治疗这些人的病，威廉·格纳斯为他们开了一个极为简单有效的方子：他告诉这些病人，生命的每一个刹那都是唯一，只要尽力地过好生命的每一个刹那就可以了。他的意思是说，只要把今天的事情做好，只要尽力地使当下过得快乐就可以了，无须再为明天或后天的事情担忧。

他说："我们生命的每一个时光都是唯一的，不复返的，所以我们要活在此刻，不要让明天或过去的忧愁将其浪费掉。只要你无限地珍惜此刻和今天，还有什么事情值得我们去担心的呢？每天只要活到就寝的时间就够了，不知抗拒烦恼的人总是要英年早逝。"的确如此，如果我们每天都处于忧虑之中，身体早晚会被过去与未来的事情所拖累。

过一天算一天，如果我们将自己的精力用来更多地关注眼下的时光与日子，将日子分成一小段一小段，所有的事情可能就会变得容易得多。如果我们只生活在生命的每一片刻，就会没有时间去后悔，没有时间去担忧，烦恼也就不存在了。

杰西是个聪明的男孩子，半年前，他的外祖母去世了。外祖母在生前极其疼爱他，所以，小家伙很是伤心难过，无法排遣心中的忧伤，每天茶饭不思，更没有心思学习。这种痛苦的状态已经持续了大半年，周围的人都说他是个重感情的好孩子，但是他的父母却极为着急，因为大半年时间里，他不肯好好吃饭，已经严重影响了他的健康。

他的父母也不知如何安慰他。有一次，小杰西的外公来到他们家，看到此情形，就决定要和他聊聊天。

“你为什么这么伤心呢？”外公问他。

“因为外祖母永远离开了我，她再也不会回来了。”他回答。

“那你还知道什么永远也不会回来了吗？”外公问道。

“嗯……不知道。还有什么会永远不会回来的呢？”他答不上来，反问道。

“你所度过的所有的时间，以及时间中的事物，过去了就永远不会回来了。就像你的昨天过去，它就会变成永远的昨天，以后我们也无法再回到昨天弥补什么了；就像你的爸爸以前也和你一样小，如果他在你这么小的时候不愉快地玩耍，不好好学习，牢牢地为未来打好基础，就再也无法回去重新来一回了；也就如今天的太阳即将落下去，如果我们错过了今天的太阳，就再也找不回原来的了……”

杰西是个十分聪明的孩子，听了外公的话后，他每天放学回家就会在家中的院子里面看着太阳一寸寸地沉到地平线下面，就知道一天真的就这么过完了，虽然明天还会升起新的太阳，但是永远也不会有今天的太阳了，他懂得不再沉浸于过去的悲伤之中，而是振作起来，好好学习和生活，认真地把握住自已度过的每一个瞬间。

我们生命中的每一个当下都是独一无二的，它既不是过去的延续，也不是未来的承接。时间是由无数个“当下”串联在一起的，每一个瞬间、每一个当下都将是永恒。所以，当我们吃饭的时候，要全然地吃饭，不要管自己在吃什么；当我们玩乐的时候，要全然地玩乐，不管在玩什么；当我们爱上对方的时候，要全然地去爱，不要计较过去，也不要去算计未来。就像《飘》

里的女主角郝思嘉一样，在自己烦恼的时刻总是对自己说："现在我不要想这些烦恼的事情，等明天再说，毕竟，明天又是新的一天。"昨天成为过去，明天尚未到来，想那么多干吗，过好此刻才最真实，否则，此刻即将消失的时光，上哪儿去找？

人生，当下亦是真，缘去即为幻。所以，所有生活在烦恼中的朋友都要共勉：眼前的每一瞬间，都要认真地把握；当下的每一件事，都要认真地去做；生命中的每一个人都要认真地对待，别让发生过的或没有发生的占去一瞬永恒的时光，因为"缘去即为幻"，别让自己徒留"为时已晚"的遗恨。逝者不可追，来者犹可待，当下的时光是生命中最为珍贵的时光——生命的意义就是由这每个唯一的刹那构成的。

8 珍惜当下所拥有的幸福

活在当下，才能享受到真正的幸福，这就是告诉我们不要为已失去的东西而懊悔，也不要为得不到的东西而遗憾，珍惜当下所拥有的才是最重要的。

我们在年轻的时候，总是认为幸福不过是对功名的一种企求，是一种对虚荣的满足，觉得一个人如果能大富大贵，出人头地，就是真正的幸福。但是，有话说："幸福并不是一种傲人的资本，也并非是虚名能够满足的，因为幸福并不是以权势的高低、功名的显赫作为标准。真正的幸福就是珍惜你当前所拥有的。"

在很久以前流传着这样一个故事：

从前有一座寺院，在拜佛门前的横梁上有个蜘蛛结了张网，由于每天都受到香火和虔诚的祭拜的熏陶，蜘蛛便有了佛性。经过了五百多年后，蜘蛛的佛性大大地增进了。

这一天，佛陀光临了这座寺庙，趁香火甚旺之时，就问蜘蛛："我们今日相见总算是很有缘，看你在此修炼了这五百多年来，有什么真知灼见。"蜘蛛遇见佛陀很是高兴，连忙答应了。佛陀问道："世间什么才是最珍贵的？"蜘蛛想后，就回答道："世间最珍贵的东西是'得不到'和'已失去'。"佛陀点头后便离开了。

时间一天一天地过去了，这只蜘蛛一直在寺庙的横梁上加强修炼，转眼间又过了五百年，它的佛性大增。一日，佛陀又来到寺前，对蜘蛛说道："你可还好，五百年前那个问题，你可有什么更深的认识吗？"蜘蛛依然认为世间最珍贵的是"得不到"和"已失去"。佛陀摇头走开了，并对蜘蛛说："你的佛性没有进步，并没有达到我想要的境界，以后我还会再来找你的。"

五百年又过去了，有一天，忽然间刮起了大风，风将一滴甘露吹到了蜘蛛身上。蜘蛛望着甘露，见它晶莹透亮，很漂亮，顿生喜爱之意。蜘蛛每天看着甘露很开心，它觉得这是一千五百年来最开心的几天。有一天，大风又刮了起来，不料大风将这只甘露吹得不见踪影了。

在少了甘露的日子里，蜘蛛感到非常无聊。看到蜘蛛难过的样子，佛陀又问蜘蛛说："世间最珍贵的是什么？"蜘蛛想到了甘露，便对佛陀说："世间最珍贵的是'得不到'和'已失去'。"佛陀说："你还是没有增进悟性，就让你到人间走一趟吧。"

佛陀把蜘蛛投胎到一个做官的家庭，成了一个富家小姐，名唤蛛儿。这时佛陀赐予了她美丽的容貌。一日，新科状元甘鹿中士，皇帝决定在后花园为他举行庆功宴席。来了许多妙龄少女，其中还有蛛儿，席间甘鹿表演诗词歌赋，大献才艺，在席的姑娘们无不被他的容貌所折倒。但蛛儿知道这是佛陀所赐予自己的姻缘。

等过了两天，佛陀便安排她们在寺院见面了。蛛儿与甘鹿便在走廊上聊起了天。那日蛛儿很是开心，但甘鹿并没表现出对她的爱慕。蛛儿对甘鹿说："你不记得十六年前在寺庙中的事情了吗？"甘鹿感到很惊奇说："蛛儿姑娘，你的想象力未免太丰富了吧。"说罢，就离去了。

又过了两天，皇帝下了命令，命甘鹿与长风公主完婚；蛛儿与太子芝草完婚。这一消息对蛛儿来说如同晴天霹雳，她怎么也想不通，佛陀竟然这样对她。几日来，她不吃不喝，生命危在旦夕之时，太子芝草赶来了，对奄奄一息的蛛儿说："那日在后花园中我对你一见钟情，于是就苦苦求父王，他才答应。如果你离我而去了，那我活着还有何意义。"说着就拿起了宝剑自刎。

就在此时，佛陀出现了，对奄奄一息的蛛儿说："你可曾想过，甘露（甘鹿）是风（长风公主）带来的，最后也是风将它带走的。甘鹿是属于长风公主的，他对你不过是生命中的一段插曲。而太子芝草是当年寺庙门前的一棵小草，他看了你一千五百年，喜爱了你一千五百年，可是你从来没有低下头来看一看他。"

"蜘蛛，如果我再问你，世间最珍贵的是什么？"佛陀又将一千五百年前的话题问她。蜘蛛经历了人间大喜大悲后，终于一下子大彻大悟了。她对佛陀说："世间最珍贵的不是'得不到'和'已失去'，而是现在能把握的幸福。"于是，她与太子走上了幸福的道路。

由此可见，我们活得不幸福，是因为我们不懂得珍惜当下我们所拥有的。我们总是想着未来更美好的东西或者只将眼光放在失去的东西上面，而忽视我们当前所拥有的，殊不知，你本身所拥有的东西是你能够真正把握住的，只有认真享受当下所拥有的，才算得上是真正的幸福。

美国著名作家斯宾塞·约翰逊有一本书叫作《礼物》，大概内容是这样的：

一位充满智慧的老人告诉一个孩子，世界上有一个很特别的礼物，它可以让人生充满成功和快乐，而这个礼物只有靠自己的力量才能找到。这个孩子就想，如果找到了这个礼物，这一生就不白活了。于是，他从童年到青年，几乎用尽所有的办法四处找寻，越是拼命地去寻找，越是感到不快乐，而他生命中那个最珍贵的礼物始终都没有出现。到后来，年轻人决定放弃了，不再这样漫无目的地寻找下去。到后来，他才赫然发现，那份礼物原来一直在他的身边，这个他生命中最好的礼物——“此刻”。

在生活中，也有多数人一生都在寻觅一些有形的“礼物”，却往往忽略了自己早已经拥有的礼物——无形的“此时此刻”。在这个充满焦虑和烦恼的时代，这份“礼物”更能帮助我们重新发现我们幸福生活的真谛。

天地万物，自然轮回，我们生活在这样的一个空间内，必然要遵守生老病死、稍纵即逝的规律。历史不会为我们守候，生命的年轮总是随着日出日落而辉煌、消遁，而幸福的生活就在此刻，只要你能珍惜当下所拥有的，便能享受到生命永恒的快乐。为此，劳累一天，精疲力竭还要加班加点的我们，是否也应该尽快地停下脚步审视一下自己，这样的忙碌是为了什么？我们生活的意义究竟是什么？生命的价值又在哪里？当你的脚步慢下来，也许我们就会翻然醒悟，在当下的这一切，享受当下所拥有的东西，才是上天赐予生命的重要意义。

⑨ 用行动充实每一个“今天”

要想消除自己内心不必要的忧虑，就要学会好好地利用当下的时光，将所有的行动都付诸于“现在”。因为只有“今天”才是你可以把握的，充分利用好“今天”你将会做许多事情，而且还可以做得很好。

在美国有一位老妇人，丈夫在她60岁的时候突然去世了。当她正沉浸在丧夫之痛中时，接下来接二连三的打击更是让她崩溃：首先是她的几个子女为遗产继承问题闹得不可开交，而且相互之间还大打出手。接着是丈夫生前倾尽全力经营的公司宣告破产，为了还债，她不得不卖掉房子以及家中所有值钱的东西。这一系列的不幸，使她早已无法承受，她不知道今后的路自己能否坚持走下去。

于是，她整天郁郁寡欢，不停地在心中念叨着：我已经60岁了，我已经60岁了！谁都清楚，她是在为自己的未来担心。

她想重新到外面找一份工作，但是当这个念头冒出来的时候，她自己都震惊了：谁会雇用一个老妇人呢？即便有人愿意，一个60岁的老妇人能干些什么呢？即便是能做些简单的活，但是谁又能相信她给她提供工作的机会呢？

她不停地担心别人嫌她老，担心别人嫌她动作迟缓，担心自己无法承受别人要求的工作强度……这一系列的担心更让她怀念过去，怀念丈夫在世的岁月。由怀念而生悲痛，又重新陷入丧夫的阴影中不能自拔，久而久之，贫穷、寂寞、疾病等全部都被她请进了门。

她不得不选择住院，医生了解到她的情况后，就对她说：“你的病情太严重了，需要长期住院治疗。但是你又没钱……我看这样吧，从现在开始，你可以在本院做零工，以赚取你的医疗费用。”

她就问道：“我能够做什么呢？”医生说：“你就每天打扫病人的房间吧！”

于是，她就开始手握扫帚，每天不停地忙碌着。慢慢地，她的内心就恢复了平静：反正没有比这更好的活法了，而且就目前的情况来说，自己似乎根本别无选择。她开始不停地忙碌起来，每踏进一间病房，她就开始目睹一次他人的病痛与灾难，心也就开始豁亮一次，因为她觉得自己是所有病人当中情况最好的。渐渐地，她也不再担心什么，因为实在太忙碌了。对她来说，担心反倒成为一种极为奢侈的情绪，因为它需要闲暇。

疾病和寂寞被驱除，剩下的就是要花力气解决贫穷问题了。为此，当医院让她“出院”时，她就恳切地说服院方让她留了下来，她就继续在保洁员的岗位上又做了 3 年。由于她经常接触病人，她对病人的心理也了如指掌。3 年后，她就被院方聘请为心理咨询师。疾病、寂寞早已离她而去，贫穷也开始向她挥手告别，她觉得自己的新的人生要开始了。

在她 72 岁那年，已经掌控了这家医院的 51%的股份。她的办公室的墙上有这么一句话：“昨天的痛，已经承受过了，有必要反复去兑现吗？明天的痛，尚未到来，有必要提前结算吗？只要肯用行动充实生命中的每一个‘今天’，勇敢向前，机会就在柳暗花明间。”

这段话说得真是太棒了，不管你是哪个年龄段的人，这段话都可以提醒你，让你时刻用行动去解除内心的种种忧虑，着重地过好眼前的每一个“今天”。

如果你懂得珍惜“今天”，而且能用行动让自己置身其中，那么你就会获得非常美好的感觉。忧虑就是放弃现在，放弃今天，为了虚妄的过去与缥缈的未来牺牲了现在的时光，不仅会让你失去了现在的快乐，也会使你永远地失去欢乐。如果说明天是建立在今天的基石上的话，失去了今天，也只会让明天的房子坍塌得更快。到那个时候，你又会为什么没有为自己做好准备而懊悔。千万别让自己陷入这种糟糕的恶性循环之中。

懂得珍惜今天，并能够充分利用今天的人，就是为自己选择了一个自由的、成功的和充实的人生。美国著名教育家戴尔·卡耐基的作品影响了全世界数以万计的人。他给那些为生活在苦恼的人们制订了一份计划，这份计划的重点就是：用行动去充实每一个“今天”：

“今天我要用行动来提升我的心灵。我要学习，不让心灵空虚。我要阅读有益身心的书籍，提高的我修养。

今天我要做三件事：我要默默地为某个人做一件好事，我还要做一件我以前不愿做的事、一件不敢做的事。做这些事的目的，只是为了锻炼我的勇气和勤勉，让我不致懈怠。

今天我要让自己看起来更美丽。我要穿着得体、举止大方、谈吐优雅。我要多予赞赏，少作批评，不让自己抱怨，不去挑任何人的毛病。

今天我要全心全意地只过好这一天，不去想我整个的人生。一天工作 12 个小时固然很好，可如果想到一辈子都要这样度过，我自己都会觉得恐怖。

今天我要制订计划。我要计划每小时要做的事。可能不会完全按照计划实现，但我还是要计划，为的是避免仓促和犹豫不决。

今天我要给自己留半个小时的时间静息片刻，让自己思考一下我的人生。

今天我要很开心。只有现在的行动才能给我带来无尽的幸福和快乐。”

为了从此不再让烦恼纠缠自己，请立即行动起来吧，只有让自己切实地行动起来，才能让内心获得平静和充实，才能改变让自己把握机会，看到更为光明的未来。

10 最美妙的在于过程，而不在结果

著名作家史铁生认为：生命的价值与意义在于“过程”，而不在“结果”。因为人总是要从世界上逝去的，对于逝去的人来说，一切的结果便显得很空虚。什么光荣、富有、博学，等等，这些被人视为“目的”的东西随着人的死亡都将不复存在，都将转化为虚无。史铁生如是说：“目的皆是虚无，人生只有一个实在的过程，只有重视了切切实实的过程，生命才能更为厚重，也不至于整天被目的的痛苦所束缚。”

但是，在现实生活中，我们却被生活的一个个的目标逼迫着只会忙着赶路，工作繁重、生活紧张，在做这件事情的时候还会想着还有一大堆的事情在等着自己。于是，烦恼与忧虑接踵而来。但是当我们回首的时候，却突然发现自己匆忙地赶路，却失去了一些最为美好的事情。

有这样一个故事：

父子俩每年都会把家里的粮食、蔬菜装在老旧的牛车上运到家附近的镇子上去卖，儿子是个性子急躁的人，父亲则总认为凡事不必着急，慢些可以享受到赶路过程中的快乐。

这一天清晨，他们又一次赶着旧牛车到镇上去卖粮食、蔬菜。儿子很着急地赶路，于是，他总是用棍子不停地催赶拉车的牛，要它走快些。

“放松点，儿子，”老人依然这样对儿子说，“这样你会活得更为长久一些。”但是儿子却不听，坚持要走快一些，想在傍晚前赶到集市中。

快到中午了，他们来到一间小屋的前面，父亲说他认识屋里的人，要进

去与他们打个招呼。儿子却不停地催促父亲赶路,但是父亲却坚持要与好久不见的熟人聊一会儿。

又一次上路了,他们走到了一个岔道口,儿子认为应该走左边近一些的路,但父亲却说右边的路边有漂亮的风景,边走路边欣赏风景不更好。

儿子执拗不过父亲,就走上了右边的路,但是儿子却对路边的绿油油的牧草地、漂亮的野花和清澈的河流视而不见。父亲却满心喜悦。

最终,他们也没能在傍晚前赶到集市中,也只好在一个漂亮的大花园中过夜。父亲睡得鼾声四起,儿子却很是焦虑,担心明天早上还赶不到目的地,于是毫无睡意。

第二天早上,在路上,父亲又不惜浪费时间去帮助路边一位农民将陷入沟中的牛车拉出来,而儿子却十分生气,他一直认为父亲对路边的风景比赚钱更感兴趣,但是父亲却对他说:"放松些吧,这样你可以活得精彩一些。"

到了下午,他们才走到一座山上,俯视着山下城镇里的美景。许久之后,两人都一言不发。终于,儿子将手搭在老人的肩膀上说:"爸,我终于明白您的意思了。"

在人生的道路上,不管我们走得多快,都无法赶得上正在寻找的东西,因为它永远在前面的时间的激流中,与其这样,我们不如用一种恬淡与安适的心境,以及不为压力所动的气度来面对明天。

在很多时候,我们就与这个青年一样,在人生的道路上不断地奔跑,不断地奔着下一个目标不断奋进,于是,我们的生活就被忙碌和烦恼以及一个个的目标所占满,心里、眼里也只剩下这个目标,当我们猛然回头的时候,却发现生命的一个个美妙的过程却被我们白白地浪费掉了。

我们要知道:生活不是比赛,不一定非要去争取拿第一,一切顺其自然，每天活得轻松、快乐一些，只要做好当下的事情就好。

生命的乐趣也绝不在于不断地奔跑，而在于乐于享受恬淡时候的一杯清茶，激动时候的一碗浓烈的酒，在于感受多姿多彩的过程。每天早晨出来呼吸一下新鲜的空气，给自己泡一杯清茶，听一曲优美的曲子，抑或是在休息的时候给朋友送去自己亲手做的糕点，或者是陪着父母一同坐在电视机前说一些琐碎的家常，又或者一家三口一同出去郊游，让心灵获得极大的放松，获得多样的幸福人生……

第四章 人之所以会纠结，是因为犹豫太多

——学会放手，一念放下万般自在

人生最大的痛苦莫过于徘徊在坚持和放弃之间，因为取舍不定，所以心灵会备受煎熬。

其实，对于不属于自己的东西，抓不住的情感，触不到的追求，我们完全可以放手，这样才能让自己从犹豫不决的痛苦中解脱。

放弃和坚持也只在一念之间，果断地做出决定，坚持该坚持的，放弃该放弃的，才能彻底斩断内心的纠结，才会活得更洒脱，重新获得一个全新的自己，找到自己的心灵归宿。

❶ 选择越多，内心越痛苦

某位哲学家说过：当生活中有一种选择的时候，我们的内心是平静而快乐的，但是可供选择的事物一旦多了起来，生活便多了许多烦恼。而这些烦恼主要源于人们在众多选择面前患得患失的犹豫心理。

森林中生活着一群猴子，每天当太阳升起时，它们会从洞中爬起来外出觅食，当太阳落山时，它们又自觉会回洞中休息，日子过得极为平静而快乐。

一名旅客在游玩的过程中，不小心将手表丢在了森林中。猴子卡卡在外出觅食的过程中捡到了。聪明的卡卡很快就搞清楚了手表的用途，于是，它就自然掌控着整个猴群的作息时间。不久后，它就凭借自己在猴群中的威信，成为猴王。

当聪明的卡卡意识到是这只手表给自己带来了机遇与好运后，每天就利用大部分的时间在森林中寻找，希望自己可以得到更多的手表。功夫不负有心人，聪明的卡卡终于又找到了第二块手表，乃至第三块。

但出乎卡卡意料的是，它得到了三块手表反而给自己带来了新的麻烦和痛苦，因为每块手表所显示的时间都不尽相同，卡卡根本不能确定哪块手表上显示的时间是正确的。猴子们也发现，每次来问及时间的时候，它总是支支吾吾回答不上来。一段时间后，卡卡在猴群中的威望也大大降低，整个猴群的作息时间也变得一塌糊涂，大家就愤怒地将卡卡推下了猴王的位置……

拥有一块手表，可以明确地知道时间，而得到了两块甚至更多块的手表却能让自己迷失时间，给自己带来了无尽的烦恼和痛苦。由此我们可以说，你所得到得越多，痛苦和烦恼就会越多。

书上说，上帝因一个简单的心思，只是用简单的泥土，造就了我们，而我们为何要去追求无谓的繁杂，终将自己置于痛苦之中呢？选择越多越痛苦，而这些“更多的选择”却是我们内心不断追求的结果。为此，哲学家说：因为人的欲求不止，所以，生命是一个不断作茧自缚的过程！同样，行为心理学家也指出：与其说人的行为是受一定的原因支配，不如说它更受人生的一系列目标或人生的一系列目的支配。在达成目标的过程中，人总要面对各种各样的选择，不同的选择，所达到的目标结果是不尽相同的，人生也有可能会由选择而发生变化，所以，为了使目标结果更为完美，在选择的过程中，人们必然会仔细斟酌，细心掂量。为此，烦恼就产生了，混乱的生活状态也就开始了。

所以，我们要想从这种混乱、痛苦的状态之中走出来，就要勇于舍弃，让生活归于简单的状态。舍弃那些扰乱我们心智的“更多的选择”，过一种简单的生活。

有一个诗人，为了追求心灵的满足，他不断地从一个地方到另一个地方。他的一生都是在路上、在各种交通工具和旅馆中度过的。当然这也并不是说他自己没有能力为自己买一座房子，这只是他选择的生存方式。

后来，由于他年老体衰，有关部门鉴于他为文化艺术所作的贡献，就给他免费提供一所住宅，但是他拒绝了。理由是他不愿意让自己的生活有太多的“选择”，他不愿意为外在的房子、物质等耗费精力。就这样，这位独行的诗人，在旅馆中和路途中度过了自己的一生。

诗人死后，朋友在为其整理遗物时发现，他一生的物质财富就是一个简单的行囊，行囊里是供写作用的纸笔和简单的衣物；而在精神方面，他给世人留下了十卷极为优美的诗歌与随笔作品。

这位诗人正是勇于舍弃了外在的物质享受，选择了一种简约的生活，最终才丰富了精神生活，为人类作出了巨大的贡献。他的人生是一种去繁就简的人生，没有太多不必要的干扰，没有太多欲望的压力，是一种快乐而又纯粹的人生。

正如尼采所说：如果你是幸运的，你必须只选择一个目标，或者选择一种道德而不要贪多，这样你会活得快乐些。正如一个电脑一样，在其系统中安装的应用软件越多，电脑运行的速度就越慢，并且在电脑运行的过程中，还会有大量的垃圾文件、错误信息不断产生，若不及时清理掉，不仅会影响电脑的运行速度，还会造成死机甚至整个系统的瘫痪。所以，必须要定期地删除多余的软件，及时清理掉那些无用的垃圾文件，这样才能保证电脑的正常工作运行。我们要想过一种幸福而快乐的生活，就不能让自己背负太多的选择，学会去繁就简，过一种简单的生活，这样才能不至于使自己在众多的选择面前无所适从。

2 鱼和熊掌不可兼得

古人说："鱼和熊掌不可兼得"，要想获得快乐，就得抛开烦恼；要想获得长久的自由，就得放弃贪婪和不合理的欲望；要想获得健康的身体，就要舍弃一些休息时间，多运动、锻炼；要想获得事业上的成功，就得经历挫折和痛苦的磨砺……如果想得到其中之一，必然是要舍弃另一个的，否则，如果两者都想拥有，那么，必然会徒生出许多烦恼和痛苦来。

王波是某著名企业的高级管理人员，工作时间已有4年。但是最近他发现自己是越来越厌倦自己的工作了。因为他觉得自己再也承受不了巨大的工作责任与压力了，整天没完没了的电话就让他烦不胜烦。

上周六，王波好不容易抽出时间带家人出去旅游，本想趁这个机会好好地放松一下。结果还没登上飞机就接到了公司打来的两个电话，接下来的3天，他更是频繁地接到电话，那时他真想把手机砸了。就在第4天的时候，公司的一个紧急电话使他10天的旅游计划彻底泡汤了。在无奈之下，他只好再携家人一起回去。

回到公司后，王波就找到自己的上司，神情沮丧地对领导说出自己的压力有多么大，心里有多么烦躁，并且恳请上司给他换一个轻松一点的职位，不然自己可能要崩溃了。领导也从他说话的口气中听出来他所背负的压力是巨大的。于是，没过多久就提拔他到办公室去做自己的业务助理。这个位置只是个闲差，平时没什么大事，只是整理一下客户资料，陪上司出去应酬什么的。其实说白了，就是明升暗降，但是王波却感到轻松了些，所以心中也是十分感激的。

总算可以清闲地安静下来休息一下了，刚开始王波对上司的这个安排十分满意。但是，这种清闲日子没持续几天，一个更为严重的问题又让他陷入了焦虑之中。公司平时重要的会议，他几乎没什么机会去参加。即便是偶尔去了，也会被安排在一个十分不起眼的位置上，没有发言的资格。而在以前的重要会议他总是会被安排在前排发表讲话的。这让王波有了一种莫名的失落感，心里顿时像压了块大石头般难受。

办公室的工作尽管是清闲的，但时间长了，他却感觉越来越乏味。还总会觉得自己没面子，感觉其他的同事在背后会偷偷地议论自己。以前的工作虽忙了些，但是有成就感，而现在整个人就像被废了一样，他感觉自己比以前更加焦虑和心烦了……

王波既想轻松，又想被重用，得了这个又想要那个，这就产生了矛盾，矛盾引发了焦虑。要知道，世界上是不存在十全十美的事情的。事物都是有两面性的，忙碌的背后必定是重用，清闲的背后必然被轻视，王波没有想到这一点，只是在忙碌的时候想到清闲，得到清闲后又想着被重用，因为没有及时舍弃其中之一，痛苦和烦躁自然就会越多。

在很多时候，痛苦多半是自己的心态造成的，因为人们总会更多地去关注自己的所失，而不顾及自己的所得，必然会使人心理失衡，烦恼与痛苦也就如影随形了。

沙漠中有两个旅行者，他们每个人只剩下同样多的半杯水了。

看着杯中的水，一个人说："我只有半杯水了，喝完后该怎么办呢？"心中充满了忧愁。而另一人却说："我还有半杯水呢，在喝这半杯水的时间里，我可能还会寻到一杯水呢！"

面对两杯同样多的水，两个人的态度却截然不同。一个人看到了自己的所得，知足常乐，获得了快乐；而另一个人则只看到自己的所失，患得患失，徒增了烦恼。在现实生活中，很多人都是如此，他们只愿得到不愿失去，既想得到好处，又不愿意出力，就这样在犹豫之中，到头来失去了所有，后悔和痛苦的也只有自己。

试想：你想获得成功，但是又害怕经历磨难；你想获得清闲，就辞职在家，但是又会因为无所事事而失落；为了得到高薪，你又找到了一份好工作，但是你又感到压力太大，责任太重……你总是这样患得患失，如何能使自己的内心获得平静，获得快乐呢？

要知道：快乐与痛苦从来都不是孤立地存在的，祸和福永远都是相依相随的，一件事的正面是快乐，背面就必然是痛苦，如果你想得到，就必然要付出一定的代价。认清了这一点，你就要时时刻刻多想想自己的所得，忘却自己的付出或所失，心中的不平衡也自然会消失。

“鱼，我所欲也，熊掌，亦我所欲也；二者不可得兼，舍鱼而取熊掌者也。”几千年前的孟子，就已做出了这样的阐述，这正是人们获得成功、获得快乐的最佳心灵读本。懂得果敢地放弃和义无反顾地选择，这是一种智慧，也只有这样的人，才会活得快乐，活得潇洒，获得心灵上的慰藉。

3 顾虑越多，前进的步伐就越艰难

在生活中，一个人凡事如果考虑的时间太长，顾虑太多，总是犹豫不决，必然也会使自己背上沉重的心理包袱。

其实，这些焦虑和痛苦无非是源于面临众多选择时所产生的难以割舍的矛盾心理。有选择就有放弃，而放弃是每个人都不愿意做的事情，所以，这些烦恼和痛苦自然就从内心滋生出来了。

张佩是一家著名公司的策划部门的管理人员，平时工作能力很强，也有个幸福的家庭。依她各方面的条件，生活应该过得很快乐才是，但事实并非如此。

原来，张佩在各方面都很出色，唯一令她苦恼的就是她本人在做事情前总是顾虑太多，做任何决定前总会犹豫不决。有时候，虽然自己下了决定，但心中总是不自觉地会放不下，时常会担心自己的决定是否正确。尽管她的同事都说她在各方面已经考虑得很周全了，但是她仍旧还是害怕自己会出错，害怕出错后被别人嘲笑。为此，她经常使自己陷入焦虑与苦恼之中。内心越焦虑越苦恼，在做判断的时候，就越容易出错。

在工作中，一个很简单的策划方案，她也经常会因为犹豫不决，最终错失了方案实施的具体时机，给公司带来损失。犯了错误后，她又会置自己于痛苦之中，就这样导致恶性循环。一年下来，张佩就被降了职。

一个人考虑得越多，心理的折磨就越大，前进的步伐就越艰难。张佩心理上的包袱产生的原因就是她太过于在乎别人对她的评价和看法，也就是说，她太在乎一些东西，太害怕失去，所以才患得患失，以致心理上受到了极大的折磨。

其实，要想得到，必然会失去一些东西。别人的眼光根本不重要，关键是自己怎么看自己，所以，不要给自己头上戴上美丽的大帽子，把自己压得喘不过气来。

人在害怕失去的同时，又期望自己什么都能得到，想要这个，想要那个，所以才会痛苦；因为肩上的东西太多，把已经拥有的抓得太紧，所以才会患得患失。如果什么都想要，最后不仅什么都得不到，还会徒增许多痛苦。

从前，有一个特别优秀的弓箭手，他射出的箭百发百中，从来没有失手过。为此，人们争相传颂他的高超的射技，对他也十分敬佩。后来，他的美名也传到了国王的耳朵里。国王就命人将他请到宫中亲自表演，并对他说："今天请你来是想请你展示一下你精湛的射技，如果你射中了远处的那个目标，就赐给你万两黄金，如果射不中，就发配你到边疆充军去。"

这位弓箭手听了国王的话，一言不发，神色变得激动起来。他取出一支箭搭上弓弦，但是心中只是想着能否射中，这可关系着自己的命运呀！当开始发箭的那一刻，一向镇定的他呼吸变得急促起来，拉弓的手也开始抖起来，最终箭落在离靶心几尺远的地方。

旁边的一位大臣叹道："看来一个人只有真正地将得失置之度外，才能成为真正的神箭手呀！”

弓箭手之所以没能发挥他真正的射箭水平，就是因为他太在乎自己的得失，内心有太多的顾虑，使自己的心灵背上了沉重的包袱，最终也只能以失败告终。

其实，在现实生活中，人类都在犯着同弓箭手同样的错误。在生活的道路上，我们可能都要面临各种各样的痛苦的选择，就如同掉进深泥潭里一样，当遇到高成本的机会时，每个人都常常无法迅速做出选择，因为他们都不愿意轻易地放弃可能得到的东西。为此，我们可以说，舍弃也是需要胆略和智慧的。只有认准心中的真正目标，勇于将得失置之度外，才能减轻内心的痛苦，也才更容易达到成功的彼岸。

4 要拿得起，更要放得下

在生活中，不顺心的事十有八九，要想做到事事顺心，那就要勇于放下。但是，在日常生活中，我们很容易拿得起，要想放下却是不容易做到的。拥有得越多，就越难以放下。

在艾尔基尔地区，有一种猴子会经常跑到山下的农田里去祸害庄稼。其实，这些猴子也是为了维持自己的生计才不得已到农田里去偷庄稼的，它们是为了能给自己储备点粮食。

农民们为了保护庄稼，发明了一种特殊的捕捉猴子的方法：将一个细的瓶颈，大口的瓶子容器中放些玉米进去，这些瓶子的颈刚好能让猴子的爪子可以伸进去，但是当猴子一旦手中拿着玉米攥上拳头就出不来了。

利用这个方法，农民们捕到了很多猴子。每晚他们都将这个瓶子放进村口，第二天早晨起来，就能看到一些紧握拳头的猴子在那儿与那个瓶子较劲，但是手不管怎么挣扎就是出不来。其实，如果这些猴子能够放下手中的玉米，是完全可以逃走的，但是，它们因为得到了，却怎么也不肯松手，到最后只有被捕了。

在这里，我们可能会笑猴子的贪婪：只要把手里的东西放下，不就可以全身而退了吗？为什么还死死地抓住不放，让人捉到它呢？其实，在生活中，我们人类何尝又不是如此呢？

在生活中，常常遇到一些不顺心的事，例如，失恋，误解，做错事而受到别人的指责……有些人就会在心里总解不开，放不下，往往会感到很累，无精打采，不堪重负。如果我们能够及时放下，缠绕我们内心的绳索不就自动解开了吗？只有放得下，才能让我们轻装前进，才能"拿"起更多。

泰戈尔说过这样一句话："世界上的事最好就是一笑了之，不必用眼泪冲洗。"人生在世，就要学会放得下。放下失恋的痛楚；放下屈辱留下的仇恨；放下心中所有难言的负荷；放下费尽精力的争吵；放下对权力的角逐；放下对虚名的争夺……放下该放弃的，就会获得另一番风景！

法国哲学家、思想家蒙田说："今天的放弃，正是为了明天的得到。"所以，在生活中，我们只有懂得放得下，才能更好地拿得起。

吉姆·特纳在自己40岁的时候，继承了拥有30多亿美元资产的莱斯勒石油公司。当时，所有人都会认为这位新上任的总裁会在自己的有生之年大干一番，好好地为公司做加法，而吉姆·特纳却并没有如人们想象的那样去卖命。

吉姆·特纳先组建起一个评估团，对公司资产做了全面盘点，然后以50年作基数，在资产总和中先减去自己和全家所需、社会应承担的费用，再减去应付的银行利息、公司刚性支出、生产投资，等等，一切评估做完后，他发现还剩下8000万美元。剩余的钱如何用？

他先拿出3000万为家乡建起一所大学，余下5000万则全部捐给了美国社会福利基金会。人们对他的行为表示了不理解，他却说："这笔钱对我已没有实质意义，用了它就减去了我生命中的负担。"

在公司员工的印象中，吉姆·特纳从来没有愁眉苦脸、唉声叹气的时候。太平洋海啸，给公司造成1亿多美元损失，他在董事会上依然谈笑风生，说："纵然减去1亿美元，我还是比你们富有10倍，我就有多于你们10倍的快乐。"当灾难降临到他的头上，他的一个孩子在车祸中不幸身亡，他说："我有5个孩子，减去一个痛苦，我还有4个幸福。"

吉姆·特纳活到85岁悄然谢世，他在自己的墓碑上留下这样一行字：最令我欣慰的是我能在最后几十年为自己做了人生减法！

吉姆·特纳正是因为勇于舍弃，才获得了幸福和快乐。如果他像人们所想的那样，在有生之年大干一番，只"拿"不"放"，那么，他的最后几十年就有可能会在忧愁和痛苦中度过了。

苦苦地挽留夕阳的，是傻子；久久地感伤春光的，是蠢人。什么也不愿放弃的人，常会失去更珍贵的东西。一个亘古不变的真理，拿得起，固然可贵；但放得下，才是人生处世的真谛。

人生在世几十年，做人要拿得起，放得下。世事艰辛，人心险恶，做人就需要拿得起，放得下。拿得起在于不要随波逐流，保持着自我；放得下在于通达世故，使自己免于伤害。只有放得下，才能将拿得起的东西更好地把握住，抓住最重要的东西。只有这样，你的人生才会有一个更美好的结局。

5 学会放手，给彼此自由

不是每一朵花都能够如期地开放，也并非每一朵开过的花都能结出果实来。对于感情来说，当你爱一个人而得不到回报的时候，在你付出千般努力也无法得到一个许诺的时候，在你因爱而受伤的时候，千万不要继续与自己再轻劲了，要学会放手，给彼此自由。否则，带给你的只有无尽的痛苦和烦恼。

有一个男孩和女孩在一起6年了，女孩一直以为他们可以相爱到天长地久，海枯石烂。可是，就在她为他们的感情而憧憬幸福时，男孩却向女孩提出了分手。一时间，女孩觉得她的天塌了，她崩溃了。她跑到男孩的单位质问男孩为什么，男孩只是简单地说不爱了，说他们彼此在一起太累了。

女孩很是伤心，每天都以泪洗面，她还是不愿相信两个人的感情就这样没了。于是，经常给男孩打电话，诉说她对他的思念之情，男孩很烦，但是女孩依然不放弃。

到后来，男孩似乎很快就开始了一段新的感情，并没有把女孩的悲伤放在心上，女孩很是伤心，到男孩的单位中大叫大骂，最终男孩因为忍受不了女孩的过分纠缠，一气之下就将女孩杀害了。

因为女孩不懂得放弃，最终使爱成为一种伤害，是得不偿失的，也是十分遗憾的。所以，在生活中，当爱成为彼此间的一种束缚时，一定要学会放手，给彼此充分的自由，这样才能在对方面前保持起码的自尊，才能让爱成为生命中一种永恒的美丽。

给对方自由，也是给你自己一份快乐与自由。要知道，人世间曾有太多的令人心碎的安排，过于执著只会给彼此带来一种疼痛、一种悲哀、一种伤害。所以，我们还是顺其自然吧！退一步海阔天空，学会放手，学会给予对方自由！给他爱你的自由，也给他不爱的自由，这样，不也正是一种美丽吗？

要知道，生命的灿烂与辉煌并不是只有一个地方拥有，只要释然一些，放下过去，用一颗感恩的心看待过去并希冀未来，你终究会看到另样的一番风景的。天涯何处无芳草，人间自有真情在，自己的柔情一定会有人读懂。既然双方都疲惫了，不妨让彼此都休息一下，别在失去感情的同时，也失去了自尊。这时候，你可以静静地坐下来，抬头看看天，看看树，再洗把脸，听支歌，读一段小诗，梳梳头发，照照镜子，看看里面的那双眼睛是不是还过于炽热。告诉自己：你并没有失去什么，那些不属于自己的东西是注定得不到的。

从前，有个书生在进京赶考前与他的未婚妻约好，等他回来后，就于某年某月某日与其结婚。

几个月过去了，书生从京城赶考回来了，而他的未婚妻却嫁给了别人。书生很受打击，心里难过极了，从此就一病不起。

这时候，书生家门前路过一个僧人，说自己可以看好他的病，书生就让他进了家门。僧人没有给书生把脉，开药方，而是从怀中拿出一面镜子给他看。镜中一片茫茫大海，一名遇害的女子一丝不挂地躺在海滩上，旁边路过了许多人，但是这些人都是看一眼，摇摇头，就走开了。

又路过一个人，将自己的衣服脱下来，把女尸体盖上后就走开了。一会儿，又经过一个人，走过去，挖了一个坑，并小心翼翼将尸体掩埋了。

书生十分惊愕，那僧人却对书生解释道："那具海滩上的女尸，就是你未婚妻的前世。而你是第二个路过的人，曾经只给过她一件衣服。她今生只有缘与你相恋，只为还你一个人情。但是，她最终要报答一生一世的人是前世曾将她掩埋的那个人，那个人就是她现在的丈夫。”书生随即大悟。

看了这个故事也许你会感到释然。是的，有些东西是注定不属于自己的，何必要苦苦与命运抗争呢？这个世界上没有永远的激情，没有一成不变的事物。人生好似花开花落，周而复始，没有永远不凋谢的花朵，没有永恒不变的感情！真爱一个人，不一定要拥有；真正的爱情，也不一定就会天长地久！如果你爱一只鸟，就给它飞翔的自由，给它享受蓝天的自由，给它品味风雨的自由；爱一个人，给他爱的自由，给对方选择的自由和拒绝的自由，这是爱情的最高境界。

人生的风景并不是只有一处，在你为逝去的美景哭泣的时候，眼前可能是一幅更美的画卷。不要沉醉于过去的情感，失去了意味着这段情感不适合你，一段更好的感情正在等待你。不回过头，你怎能看到眼前的美景？不放下过去，你怎么会获得自由？

人生犹如一部戏，我们每个人都是戏里的主角，每个人都不可能把自己的角色演到极致，而不留一丝遗憾，没有遗憾的人生不是完整的人生。放下过去，还给彼此自由，让彼此生活得更好，这才是真正一段完美的感情。所以，当你被某些事情缠绕得心力交瘁的时候，一定要告诉自己：只有放下，才能重获快乐和自由！

6 拥有空杯心态，随时从零开始

在生活和工作中，每个人总难免会遇到许多阻碍我们前进的“垃圾”思想。所以，拥有空杯心态就很重要了，随时清空心中一切不利于前进的思想，才能让自己轻装前进，才有助于自己取得更大的成就。

美国某著名大学的校长福斯特来北京大学访问之时，向大家讲述了一段自己的亲身经历：

“有一年，我向学校请了3个月的假，然后告诉自己的家人，不要问我要去什么地方，因为自己也不清楚自己会到哪里。这样做是因为多年来，我厌倦了日复一日单调的工作，想做些自己想做的事情。”

“于是，我只身一人去了美国南部的农村，趁着假期去尝试着过另一种全新的生活。在那里，我做着各种各样的工作，到农场去打工、给饭店刷盘子。和农民们一起在田地里做工时，我背着老板躲在角落里抽烟，或和工友偷懒聊天，这让我有一种前所未有的愉悦。”

最后，她还说到了一件有趣的事情：在她回家的途中，在一家餐厅找到一份刷盘子的工作，只干了4个小时，老板就把她叫了过来，给她结了账，并对她说：“可怜的老太太，你刷盘子刷得太慢了，你被解雇了。”于是，这个“可怜的老太太”重新回到学校，回到自己熟悉的工作环境后，却觉得以往再熟悉不过的东西都变得新鲜有趣起来，工作成为一种全新的享受。

最后，她说：“那3个月的经历，像一个淘气的孩子搞了一次恶作剧一样，新鲜而刺激。并且有了这次经历之后，在她眼里一切就如同儿童眼里的世界，一切都充满乐趣，也不自觉地清除了原来心中积攒多年的‘垃圾’”。

现代社会，生活节奏是飞快的，于是伴随而来的是人们生存压力的不断加大。所以，在人生的某些时期或阶段，人们总会自然而然地感受到一种难以摆脱的压抑和烦躁，主动地放下原本的工作或生活状态，以空杯心态去寻求另外一种生活，可以使心灵获得解脱。

拥有空杯心态，随时从零开始，其实就是一种虚怀若谷的精神。有了这种精神，一个人才能在人生的道路上越走越远。如果你一味沉浸于以往的成功、荣誉、辉煌、掌声或成绩中，就难免会迷失自我。同样的道理，如果你太过于在意昔日的失败、无能、平庸或污点的话，只会使自己裹足不前。

德西是一个刚参加工作不久的年轻人，由于缺乏工作经验，而经常受到上司的批评。为此，他每天都垂头丧气的，内心极其郁闷。后来，他找到一位著名的企业家，希望向他请教有关成功的秘诀。

企业家先是让德西介绍一下自己，德西把自己当前的不如意以及困境都说了出来。听了德西的话，看着他郁闷的表情，企业家并没有说什么，而是微笑着随手拿起一下装满茶水的杯子，放在德西面前。然后自己又从旁边提来一壶茶，慢慢地往玻璃杯中倒。就这样一直倒着，直到溢出的茶沿着杯壁流到了地上。但企业家好像还没有停止的意思，直到德西惊讶地喊出来：“您别倒了，再倒就都浪费了！”

终于，企业家将茶壶不紧不慢地收回，说道：“你的话正是我想说的。这杯茶和我想教给你的东西是一样的——都是浪费。你已经像这个杯子一样装满了忧愁和烦恼，已经容不下其他东西了。你还是先把你内心的一些消极的思想舍弃后，再来装其他的东西吧！”

听罢，德西终于明白了企业家的真实意思，从此不再怨天尤人，调整了心态，顿时觉得自己做的工作原来是十分有意义的。不久后，他被升职为部门经理。

德西正是及时更新了自己的心态，才发觉工作并不是那么枯燥，最终取得了成功。有一位作家曾经说过：郁闷，是暂时的状态，却是永久的束缚。一个人只有及时走出郁闷和烦躁，随时以全新的面貌和心态去对待工作和生活中的事情，才能摆脱种种束缚，才能不断迈步向前。

现实生活中，常怀“归零”心，才能够接受更新的思想。蛇类每年都要蜕皮才能成长，蟹只有脱去原有的外壳，才能换来更坚固的保障。如果不舍弃过去的郁闷，永远迎接不到明日的阳光。

成功或失败永远只能代表过去，一个人若是长久沉迷于以往的回忆中，那他就再也不会进步。对于有远大志向的追求者来说，成功永远在下一次。保持“归零”心态，才能不断发展创造新的辉煌。

永远不要把过去当回事，永远要从现在开始，进行全面的超越！当“归零”成为一种常态，一种延续，一种不断时刻要做的事情时，也就完成了职业生涯的全面超越。“空杯心态”并不是一味地否定过去，而是要“放空”过去的一种态度，去融入新的环境、对待新的工作、新的事物。

7 得失常在，开心难求

人生在世，有得必有失，这是人们共知的道理。但现实生活中，却有人却想不明白这一点，只要涉及个人利益得失之事，总少不了要去争、要去斗，要从争斗中得到更多。殊不知，这种做法总会给人带来莫名其妙的烦恼，难以言状的痛苦，排解不掉的忧愁。

人无完人，事无完美，得失常有，而开心却不常有。每一种事情不管是

“开花”还是“枯萎”都有它的道理，如果你为了“常在的失去”而影响了自己的心情，就得不偿失了。

有一天，许宁与自己多年的好友一起喝酒。好友郁郁寡欢，愁绪万千之状，许宁急忙询问其中原因。原来，这位朋友由于到了退休年龄，马上要离任了。

见朋友满腔哀怨，许宁劝他：“解甲归田，是好事情呀！你离任了，至少说明你以后再也不必应付酒桌上的事情了，你就不再因为人情而伤肝损胃了，也不必再去注意别人的脸色了。有了激流勇退，多了让贤美名，其不两全其美！”

看到好友愁眉渐疏，许宁进一步说：“我有一个朋友，他的父亲职至高位。其退位当天便回到家中吃饭，看着饭桌上的青菜、萝卜、豆腐，由衷的一声感言‘解脱了’。老人退位后，虽然没有了昔日的喧嚣，却有了属于他自己真正喜爱的书法、易经、圆口平底布鞋。近日得见，老人虽已近80岁高龄，却端坐在电脑桌前，只听键盘嘀嘀嗒嗒声响不断。与老人比，你不应该再豁达一些吗？”

许宁的话，让朋友哑然失笑。许宁继续道：“人生真如草木春秋，何苦要身心疲惫一世呢！太阳永远都是东升西落，长江后浪推前浪是必然的自然规律。年龄大了，还有‘用青春赌明天’的本钱吗？”

过了许久，朋友才重新说话。他一把握住了许宁的手，激动地说：“谢谢你了！要不是你，我现在还在纠结，还是不能学会放弃呢！”临行前，他又要了一瓶“舍得”酒，并天真地说：“这酒名曰‘舍得’，看来，我是应该好好品品它了！”说完，豪爽的笑声响了起来。

生活有时就是这么残酷，它会逼迫你交出权力、放走机遇，甚至会使你失去爱情、亲情。而这都是自然规律，既然无法回避，那么，我们不妨学着接受，因为失去的毕竟是失去了，再也找不回来了，而我们唯一可以把握的是自己的心情。

世界有太多的无奈，我们不得不面对，如果我们一直都在埋怨上天对我们不公，一直抱怨现实太残酷，那么我们又何时能回过头来去过自己想要的人生。做人要学会自己调整自己，因为这个世界上，得失是随时存在的，而快乐的心情却唯有自己才能给予。

有一位老人特别喜爱花草，尤其甚爱家中那盆养了几十年的兰花。有一次，他有事情，要出去一段时间。他再三考虑，就打算将那盆自己甚爱的兰花托付给邻居来照看。

邻居知道老人最喜欢这盆兰花了，所以也是悉心照顾，一刻也不得闲。结果由于邻居缺乏养花知识，没几天花就自己焉了，又过了几天，花就完全枯萎了。

邻居很是感到难过和愧疚，打算等老人回来给他赔罪、道歉。老人回到家后，听到邻居的话，却完全没有生气，只是笑着说："我养兰花，是陶冶情操的，既然它死去了，也是它的命数到了，不必为此而感到难过。"

世间的得失都有其一定的道理，只要自己努力过了，就不必再为失去而影响了自己的心情。否则，还不如不去尝试呢！

人生在世，得失是人之常理，也是自然规律，我们不必为之而耿耿于怀。你要知道，有失就必有得，你失去了权位和利益，却能得到平静、快乐的生活。失去不可挽回，但是开心却是自己可以去把握的，为此，我们在功名利禄方面的得失，应该坦然一些，豁达一些，千万不可太介意、太看重，毕竟快乐才是人生的真谛。

8 放下面子，舍弃心灵重负

在与人相处的时候，我们常会为了顾全面子而说出一些言不由衷的话，做一些表里不一的事，这其实是一种自欺欺人的表现。这样做的结果不仅不能让你留住面子，还会让你失去面子，让自己活受罪。

刘青是一家公司的部门副主管，他的朋友张波前不久刚刚成立了一家公司。为了庆祝一番，张波在酒店邀请了过去的一帮朋友欢聚一堂。朋友们玩得十分高兴，都祝愿张波生意能够红火。这时候，刘青突然说："张波，其他人对你说虚话，我给你来点实际的，你的第一单生意我给你包了。"

其实刘青明白，自己虽然是副主管，根本没多大权力，但是为了在朋友面前显示他的面子，还是毫不犹豫地说了出来。这让在场的人都记住了他的话，朋友们都说刘青够义气。一瞬间，刘青也顿觉自己很伟大，于是向周围的朋友都夸下了海口。

几天后，张波就去找刘青做生意，这下刘青慌了，因为他自己对公司的这次招标根本就没有什么把握。但是，刘青又意识到，如果这个时候拒绝，那么无疑就使自己丢了大面子。于是，他不得不帮张波忙活起来。一个星期过去了，刘青答应帮张波的事情却没有一丝进展，但是张波也并没有不高兴，只是说："看你说得那么胸有成竹，相信你能行的。现在看来，我还是找别人吧，你不要为难了。"

但是，为了保全面子，刘青还是决定要给朋友看看自己的"能力"。不过，三番两次的失败，不仅让张波跟着受了累，就连自己也搭进去了不少钱。从这之后，朋友们都觉得刘青并不像他自己说的那样，于是对他产生了一丝反感。而刘青自己也备感失落，本来是想在朋友面前露面子的，没想到却让自己失了面子，懊悔不已。

刘青因为“死要面子”，最终不仅让自己失了面子，而且还耗费了自己不必要的精力，真是自己找“罪”受。

有人考证，潇洒、明朗、自由、活脱是从“不要面子来的”，你“要面子”就得“受活罪”：明明没有钱，但为了显示出自己活得比他人好，有能耐，就逢人摆阔气，装“款爷”、“富婆”，今天请吃请喝，明天吆五喝六进舞厅，面子倒是要尽了，欠下一屁股债务后，暗地里只能吃咸萝卜；明明能力不足，但就因为撕不破朋友这一张面皮，强装君子风度，握手言欢，答应帮朋友做一些力所不及的事情，最终让自己跳进痛苦的深渊；夫妻间明明已经是同床异梦，毫无感情，家庭已成为一种摆设，但一想起面子，社会议论，就装出一副男欢女爱的面孔来支撑婚姻大厦，直到心力憔悴……

静下心来想想，又何必呢？人与人之间应当是平等的，彼此间也只有坦诚相见，才能让友情成为一种支撑，成为一种快乐的享受。要面子其实并没有错，但是不要让面子成为自己的一种负累。认真做自己应该做的事情，不做勉强的事，因为勉强本身不仅委屈了自己，也委屈了别人，最有面子的人生就是真实状态下有所收获的人生。

有位世界级的小提琴家在指导别人演奏的过程中，很少说话。每当他的学生拉完一首曲子之后，他都不多说话，只是亲自再将这首曲子再演奏一遍，让学生仔细聆听，并从中学习一些拉琴技巧。

他在接收新学生时，都会事先让学习者表演一首曲子，想摸清学生的底子，再分等级进行教育。

这一天，他收到了一位新学生，琴声一起，在坐的每个人都听得目瞪口呆,因为这位学生表演得相当好,出神入化的琴音有如天籁,比他自己表演得还要好。

学生表演后,所有的人都认为小提琴家为了顾全自己的面子,一定会对这个孩子再给予不好的评价,以显示自己的尊严。出乎意料的是,小提琴家照例拿着琴上前,这一次他却把琴放在肩上,久久没有动。最终,他又将琴从肩上拿了下来,并深深地吸了一口气,接着就满脸笑容地走下台去。这个举动令在场所有的人都感到诧异,没有人知道接下来会发生什么事情。

小提琴家只是缓缓地向大家解释道:“这个孩子的演奏实在太完美了,我恐怕没有资格去指导他!起码在这首曲子上,我的表演对他可能只会是一种误导。”

这时候,大家都明白了这位小提琴家的胸襟,台下也顿时响起一阵热烈的掌声,送给这位演奏得好的学生,更送给这位小提琴家。

小提琴家不顾及自己的面子,勇于接受学生更优于他的事实,最终赢得了人们的热烈掌声,在他身上也正体现出一种令人赞叹的大师的风采。他不受盛名所累,也不被人们的目光所限制,更充分地体现出一种极为可贵的真实和谦逊,最终为自己赢得了最大的面子。

我们每个人都渴望得到别人的认可,但是我们不能仅仅为此而给自己套上面子的枷锁,让自己负重前行,并承受内心的煎熬。放下面子是一种智慧选择。放下的是面子,舍弃的是心灵重负,得到的是更为真实,更为自由、快乐的人生。

第五章 人之所以不满足，是因为苛求太多

——追求简约，柴米油盐随遇而安

金无足赤，人无完人，世间一切事物都是有缺憾的，如果我们总是对诸多的不公平不依不饶，事事都较真，都苛求完美，那么内心一定会感到疲惫不堪。

只有以冷静、宽容、积极、平和的心态去对待不平之事，事事都追求简约，才能够活得从容、快乐！

① 过分苛求，等于给心灵带上枷锁

不论在生活中，还是工作中，人们都往往会认为认真的人是最可爱的，他们能把自己的工作做得更为出色，让生活变得更为精致，也能让人生变得幸福和充实。认真的态度固然是好的，但是在现实生活中，我们看到不少人却因为认真得近乎偏执，对自己过分苛求，导致生活过于沉重。

已经是凌晨1点多钟了，珊珊房间的灯依旧亮着，她正坐在书房里忙碌着复习，神色有些憔悴。这种状态已经持续了两个月了，在这段时间里，她的脑子里总重复着：学习、考试。之所以如此紧张、勤奋，主要是因为她的会计资格证已经考了三次都没有通过，这个月要考第四次了。

珊珊做的是人力资源工作，平时工作很是出色，平时工作中也根本用不到会计，但是，因为大学时候会计资格证没有考过，她一直不甘心。于是，她毕业后就与这个会计证书叫上了板，不考过绝不罢休。

珊珊从小就受过极好的教育，做事也极为认真，责任心很强。但是她从小到大却总是惧怕考试，平时学习挺好，但是一到考试就落后。尽管惧怕考试，但是还是不想让自己的人生留下什么遗憾。但是在每次临考的夜里，她总会胡思乱想，而且想着想着就睡不着了，结果，第二天考试就考砸了。几年下来，她仍然没能如愿拿到那个资格证书。如今，为了这个考试，她每晚都强迫自己去认真学习，由于太过紧张和焦虑，她几乎每晚都会失眠，这已经严重地影响了她白天的工作，她自己都感觉痛苦极了。

其实，珊珊的痛苦主要是她过分地苛求自己造成的。对于她来说，会计资格证既然在她的工作中用不到，就没有必要去那样苦苦地折磨自己。

在现实生活中，如珊珊这样的人有很多，他们总是为了一些无关紧要的理由去过分地苛求自己努力做到最好，强迫自己去做一些内心本身不愿意去做的事情；他们不信任别人，事无巨细，大事小事自己一人包揽；他们甚至不敢公开表达自己的消极情绪，长期的压力与压抑让他们产生了极为消极的心里反应。其实，如果仔细静下心来想想，又何必呢？我们不能做到最好，完全可以放松心态甘心做到很好；不能拥有伟大，完全可以静守平庸，用轻松的人生规则主宰自己的快乐又有何不可呢？

我们现在可以试想这样一个场景，有位老板说："你当前的工作做得不错，但是我希望你每个月完成四项任务，而不是现在的三项。"不苛求的人看到的会是自己三项工作任务都完成得不错，努力没有白费；而苛求的人则更多关注的是那未完成的第四项任务。所以，这样的心态必然要导致两种不同的结果：一种是极为积极活跃，而另一个是更加悲观沮丧。

不管我们承认不承认，苛求的人，他们的人生总是极为沉重的，生活是十分疲惫的。同时，过分苛求的人的性格中往往还有偏执的一面，他们也爱自我压抑，这些都会对个人身心健康造成一定的影响。爱过分苛求自己的人，平时总会感到自己的压力很大、经常处于焦虑和疲惫中，长期在这种情绪的压抑下，个人极容易走上极端，易患各种心理疾病，比如抑郁症等，都与过分苛求的性格有关。

欲话说："水至清而无鱼，人至察则无徒。"在现实生活中，我们对人、对事、对自己都不宜过于苛求，否则，只会置自己于孤寂和焦灼之中。人的一生之中，挫折、坎坷都是难免的，痛苦和欢乐也是同在的，烦恼与幸福也是共存的。我们对成功苛求越多，失败后，遭受痛苦也就越大，这就是心理学中所说的智能越高，对苦闷的体验就会越敏感。所以，在生活中，我们一定要理性地认清自己，面对现实，量力而行，不要过于苛求自己，这样我们才能更深刻地体会到生活与成功的意义。

有一次，晓琳去外地参加一个重要的会议，在一个没有电梯的宾馆，从一楼到五楼之间上下了六七趟，几趟下来，感觉腿脚发麻、浑身无力。而与她一同参加会议的一位年迈的老太太却大气不喘，精神焕发。

晓琳与老人闲聊后才知晓她已经有 70 岁高龄，是这次会议的特邀嘉宾。这么大的年龄还有这么好的身子骨和精气神实在令晓琳十分佩服，就向她讨教养生秘诀，老人说："我的秘诀就是：忧愁穿脑过，梦在心中留，对什么事情都不去苛求。"

在谈到自己的梦想时，老人说，自己在生活中与人无争，与己有求，但不过分苛求。我根本不想做名人，不想当明星，只想做个有所为又有所不为的文学爱好者。在自己 30 多岁的时候，当明白自己一生所要的不过是清清淡淡一碗饭后，就主动放下了许多事情，让每天的生活不闲着，也不劳累，早上起来跑跑步，白天读读书，晚上有空写写字，从来都是睡得甜吃得香，从不为什么事情去担忧。然而，正是这种看似平淡的心境，才让她能够沉淀下来，静下心来，为自己创造了极好的创作空间，最后才成为一个了不起的作家。

试想，如这位老人一样乐观豁达，与己有求，但又不故意苛求的人，能不长寿吗？能不成功吗？不论年轻也好，年老也好，每个人心中都应该有一个照亮心灵的梦想，但是，对于梦想不要去过于苛求，不必为自己制定什么硬指标，比如每月一定要给自己制定完成梦想的具体额度，几年之内要达到什么位置，一生要留下多少财富，等等。这样就是对自己的苛求，是与自己叫板，与自己过不去了，那样的话只会让自己活在劳累和疲惫之中。

要知道，最终能够站在塔尖上的毕竟是世界上的少数人，只要根据自己的能力，坚守自己的梦想，抱着一种顺其自然的心态去追求，只要为此付出努力了，就能够问心无愧，就能够知足，这样才能让自己感受到追求梦想过程的快乐与幸福。

2 切勿将生命浪费在别人的标准中

在生活中，我们常常会不自觉地在乎世俗人的眼光，为了得到别人的满意，我们可谓费尽心机：我们小心翼翼地关注别人的眼光，猜测别人的想法，猜想别人的评判……并小心翼翼地行事，唯恐别人指责。但是，即便我们这样小心，还会有人不满意，所以我们又开始为此伤神。其实，在很多时候，我们要完成一项事情根本花不了太多的时间，但是因为太在意别人的眼光了，所以将自己搞得身心疲惫。

一个农夫与他的儿子，共同赶着一头驴到附近的市场去做买卖。没走多远，就看见一群姑娘在路边边说边笑。其中一个姑娘大声对他们喊道："嘿，快瞧，你们见过像他们这样的傻瓜吗？有驴子不骑，宁愿自己走路。"农夫听到这话，心中很是在意，立刻就让儿子骑上了驴，而自己则高兴地在后面跟着走。

一会儿，他们又遇见一群老人正在看着他们，并哀叹道："你们看见了吗？现在的老人可真是可怜。看那个懒惰的孩子一点都不孝顺，自己只顾骑着驴，却让年老的父亲在地上走路。"农夫听到这话，连忙就让儿子下来，自己又骑上去。

没走多远，他们父子俩又遇上一群妇女和孩子，几位妇女七嘴八舌地乱喊乱叫着："嘿，你们瞧远处那个狠心的老家伙，他怎么能自己骑着驴，让自己那可怜的孩子跟在后面走呢？"农夫听罢，又立刻叫儿子上来，与他一同骑在驴的背上。

将到市场时，一群城里的人大声叫道："大家来瞧，这头驴多惨啊，竟然驮着两个人，这头驴是他们自己的吗？"另一个人又插嘴道："哦，谁能想到他们这么骑驴，瞧驴都累得气喘吁吁了。"听罢这话，农夫和儿子急忙从驴上跳下来，就用绳子捆上驴的腿，找了一根棍子将这头驴抬起来卖力地向前赶路。

当他们使出了浑身的劲将这头驴抬过闹市入口的小桥上时，又引起了桥头上一群人的哄笑。当时驴子受了惊吓，就挣脱了捆绑撒腿就跑，不想却失足落入河中。农夫当时既懊恼又羞愧，最终空手而归。

农夫因为太在乎别人的眼光，却任人支配，到最后得到的只是懊恼和羞愧。在现实生活中，许多人也会如农夫一样，别人如何说，他就怎么去做，结果只会弄得周围的人都有意见，且谁都不满意。

其实，爱以别人的标准来衡量自己的人，无非是想通过听取别人的意见，来获得更为和谐更为良好的人际关系。但是，你要知道，你周围有众多的人，你不可能做到让人人都满意，不可能让每一个人对我们都绽露笑容。通常的情况是：你顾及到这个人的感受，却有其他人对你产生不满，甚至根本不领情。每个人的利益是不一致的，每个人的立场，每个人的主观感受也是不同的，所以我们想做到面面俱到，不得罪任何人，又想讨好每一个人，是绝对不可能的！

就像那句老话所说："人非圣贤，孰能无过。"我们都会犯这样那样的错误。如果你还不能够理解这个事实的话，请想一想你会怎样对待你的朋友，你会不会因为一件小错就嘲笑他、鄙夷他，乃至抛弃他，恐怕你不会这样做。你更可能去包容他、接受他、帮助他。那么就用这种态度对待你自己吧。你应该相信："即使我有缺点，我会犯错，但并不代表我一无是处。其他人很可能不会对我的错误介意。即使别人对我的错误无法容忍，也不代表我没有任何希望，只是说明我需要改正罢了。"

所以，对于别人的评论，我们应当学会释然。无论是在哪种场合，无论我们是否美若天仙，我们都不必活在矫情之中，活在别人的世界，处处担心别人怎么想自己，看待自己。而应该经常对自己说："哦，没有人注意我，真好！"当你懂得了这种释然，你就会体会到什么才是真实的、无忧无虑的生活。

3 不必急躁，慢一点就好

在生活中，许多人都认为青春应该是充满激情的，因此很多年轻人在处世的过程中总是苛求自己能尽自己最快的速度完成任务或办好事情，直至让自己陷入痛苦中才发现，原来很多事情是需要一些耐心的。

有位年轻人到河边去钓鱼，他的旁边也坐着位垂钓的老人。二人的距离很近，但是，令年轻人奇怪的是，老人家不停地有鱼上钩，而自己一整天都没有什么收获。最终，他终于沉不住气说："我们两个人用的鱼饵相同，地方一样，为何你却能钓到，而我却一无所获？"

老人很从容地说："我钓鱼的时候心平气和，忘记了有鱼，所以手不动，眼也不眨，鱼不知道我的存在；而你心里只想着鱼吃你的饵没有，连眼也不停地盯着鱼，见鱼刚上钩就急躁，心情烦乱不安，鱼不让你吓跑才怪。”

急躁的心情会扰乱你的行动，影响自己实现目标。其实，生活中的很多事情就如鱼竿上的鱼一样，对待它也不可太急躁，否则，它不仅不会上你的“钩”，还会给你带来一些负面的情绪。

晓莉是某著名公司的管理人员，在公司工作的 4 年中，领导对她的评价是：思维敏捷，办事麻利，工作能力极强；而同事和下属对她的评价却是：不够宽容，激动易怒，做事手段太强硬。领导与同事对她的评价有如此大的不同，还源于她急躁的性格。

在公司内部，只要是上级部门向她下达工作任务，她总能够提前完成工作任务，为此，她总是能得到领导的表扬。但是，为了提前完成工作任务，她对下属的要求却是十分苛刻的，明明需要三天才能完成的任务，而她却要将工作任务压缩到两天，不仅把自己搞得焦头烂额，也让那些去执行任务的员工忙得手忙脚乱，精神压力甚大。同时，如果哪个环节出了问题，拖延了时间，她不仅会大发雷霆，而且还会扣除相关员工的月奖金，让她的下属都苦不堪言。

对此，她也有自己的理由：“我其实也不想把大家搞得那么紧张，但是我就是忍受不了那种慢吞吞的样子……在公司里，我自己从不甘心落后，一看到那些效率低下的员工，我就会不由自主地发脾气……对此，我也十分苦恼，我平时的工作压力大极了，头痛、失眠、焦虑经常伴随着我，而且整个人经常会莫名其妙地处于焦躁不安之中，动不动就想发脾气……”

这就是急躁带来的后果。其实晓莉的急躁性格产生的根源在于她苛求太多，她总是不甘于落后，不满足于现状，只要有工作任务，就会马上动手去干，这样做的目的无非是想得到领导的赞扬。但是，让自己背负着如此巨大的痛苦去换取领导的赞扬,未免有些得不偿失了。

在生活中,我们是否也会这样:只要有任务或者有事情等着自己去做,就会马上动手去做,既不认真准备,又无周密计划。遇到烦琐的事情恨不得来个“快刀斩乱麻”,一下子都想把问题解决,问题一旦解决不了,又会产生挫败感,心神不宁。这时候,也时常听不进去别人的意见与建议,时常会对提意见或建议的人大发雷霆……自己的神经好像绷了跟上紧的发条一样,仿佛永远无法平静下来一样!

不,你可以平静下来的。这时候,你只需舒缓自己的情绪,只要心中静静地默念:好,好,慢一点,不必急。并努力让自己心平气和地坐下来,放松神经,不刻意去思考什么内容,尽量使自己的思维维持在一种似有似无、天马行空的感觉里,或者集中精力听一种声音,比如钟的滴答声。等精神松弛下来后,然后随意控制自己的心理活动,还可以想象事情发生的场景,将自己置身其中,最终找到更好的处世方式。

同时,要相信,耐心是可以培养的,不要对自己要求过高,也不要过分地苛求他人,理性而积极地认识自己,这样才能让自己做出正确的选择与判断。做事情时,一方面要有计划,另一方面计划又不可过于完备,要预留自由度。俗话说“计划赶不上变化”,一个真正周到而有耐心的人,要善于在坚持自己的原则下灵活地变通,这样才能让自己在平静的状态下,有条不紊地达成自己的目标。

④ 完美本身就是一种不完美

在生活中，如果我们一味地苛求完美，只会让自己产生浮躁心理，最终不仅达不到完美，还会让自己体味到更多的失望与痛苦。

在一座山上的寺庙里住着几个和尚。有一天，老和尚觉得自己时日不多，便想从弟子中找一个接班人来接替他，但是，他的弟子个个都很优秀，他也不知道如何选择。

几天后，他就把所有的弟子都叫过来，吩咐他们去寺院后面的树林里各自找一片最完美的树叶回来。所有的弟子都不知其理，但是都也仍然照师父的吩咐去做了。

很多和尚来到树林，心想，这么多的树叶到底什么树叶才是完美的呢？大家都冥思苦想，也不知道什么样的树叶是完美的，但师父交代的事情也不能应付，更不能不做，于是，便在树林里仔细并辛苦地找起来。结果到天黑累得气喘吁吁，也没能找到那片“最完美的树叶”，最终都空手而归。

只有一个和尚心想：这里的树叶这么多，每一片树叶又各自不同，什么样的树叶才是最完美的呢？于是他便在树林里随便拣了一片完整无损并且很干净的树叶，早早地回到寺院里。

到天黑了，老和尚见众人都气喘吁吁地空手而归，唯有这个弟子很平静地把一片树叶交给他，便问他：“你拣回的这片树叶是最完美的吗？”这个和尚答道：“是的，虽然我不知道您说的最完美的树叶是什么样的，但我认为我拣回的树叶是最完美的。”

老和尚听后又问那些空手而归的和尚："你们都没有找到吗？"所有的弟子都说："我们尽心尽力地在树林里找了，但是根本没有找到最完美的。"

最终，老和尚宣布那个拣回树叶的弟子将成为自己的接班人。

老和尚的众多弟子之所以没有找到"最完美的树叶"，其根源就在于他们没有弄明白世间根本不存在最完美的东西的道理。这时可能有人会说，我为工作付诸了很多的精力，最终升了职，达到了自己的目的，不是一种完美吗？其实，在很多时候，我们所追求到的这些"完美"，只是一个美丽的错觉。

因为任何事物的发展都是相对的，即便这一面看似完美了，另一面也难免会有残缺，就像许多爱岗敬业的工作狂，他们一味地想在事业上追求完美，不惜付出所有的精力与时间，以求换来年度最佳工作者、单位优秀个人等一系列的完美的回报，而事实上，他们却丢掉了家庭、丢掉了健康。对于事业来说，工作狂可以说是做到了完美，而对于家庭和自己的健康呢？

不可否认，追求完美是人的一种心理特点，或者说是人的一种天性，按道理说，这并没有什么不好。人类也正是在这种追求中才不断地完善自己，创造出了这个五彩缤纷的世界。但是凡事都要适度，如果因为差缺那么一点点而耿耿于怀或顽固到底，就大可不必了。要知道，为了从 99.9%跨越到理想中的 100%，你会为最终的那 0.1%付出多出正常标准很多倍的时间、精力等资源。更何况，世界上 100%的完美根本就不存在，我们所谓的完美只是一句极具诱惑力的口号，一个漂亮的陷阱。

同样地，事物有不尽完美的地方，人也都是有缺憾的，只有放宽心，生活才能变得更为美好。再者，事事都追求完美，并不一定能带来成功。

在非洲大草原上，有一头雄壮而富有野心的狮子叫迪奥，它从小就立下雄心大志，一定要成为一头最为完美的狮子。后来，这头狮子发现，狮子虽然是兽中之王，但是却有个明显的弱点，那就是在长跑项目中的耐力要比羚羊弱很多。很多时候，狮子就是因为这个弱点，让美味的羚羊从嘴边溜掉了。而野心勃勃的迪奥就想方设法要力求改变自己的这个缺点，通过长期对羚羊的观察，它认为羚羊的耐力与吃草有关系。为了增长自己的忍耐力，迪奥就学着羚羊吃起草来。最终，迪奥因为长期吃草的缘故而变得很是瘦弱，体力也大大下降。

母狮子发现迪奥的这一想法与做法后，就教育他说："狮子之所以成为草原之王，不是因为其没有缺点，而因为它能够突出自己的优点，它是靠突出的观察力、优异的爆发力、锋利的牙齿和准确的扑咬动作，而不是靠追求完美。没有缺点的动作是不存在的。"

听到母亲的话，迪奥就真切地认识到自己的错误，它不再将自己的心思放在改变自己的缺点上面，而是努力地去发挥自己的优点。两年后，迪奥便成为草原上最优秀的狮子。

任何一个人都不是十全十美的，也不可能做到哪方面都比别人强。实际上，只有一方面特别优秀就十分了不起了，若要全面追求第一，追求完美，最终的结果可能连一个第一都拿不到。

哲人说："不求尽如人意，但求无愧我心。"要知道，在这个世界上，十全十美的东西是不存在的，追求完美只是一种憧憬，一个向往，只是生活的一个过程和体验而已，只要做到问心无愧就是一种完美了。

为山九仞、功亏一篑虽然是一种遗憾，但金无足赤，人无完人却是一条亘古不变的真理。人生总会有不尽如人意的事情，出现了缺憾，我们需要保持一颗平常心，对于各种得失、缺憾和成败都泰然视之。如此才会发现缺憾就如那断臂的维纳斯一样，也是很美的，这样也就不会为了空中楼阁的完美而耗费自己的心血。

5 在缺憾中也能收获圆满

在生活中，当我们看到别人难过时，总会这样安慰对方："人生是没有圆满的。每个人都不能得到一切，每个人都不会是最幸福的人……"然而，谁说人生没有圆满呢？在很多时候，缺憾带给人的本身也是一种圆满。

有一个国王，他共有7个女儿，这7位美丽的公主都是国王的掌上明珠。他们都有一头乌黑美丽的长发，所以，国王就送给她们每个人10个一模一样的漂亮的发卡。

有一天早上，大公主醒来后，一如既往地用发卡整理她的秀发，却发现自己的发卡丢了一个，她四处寻找后也没有找到。于是，她就偷偷地跑到二公主的房间里，拿走了一个发夹。

二公主起床后也随即发现自己的发卡少了一只，也是因为没找到便跑到三公主的房间中拿走了一个发卡；同样地，三公主发现自己少了一个发卡，也偷偷地将四公主的一个发夹拿走；四公主则拿走了五公主的发卡；五公主一样也如法炮制地拿走了六公主的发卡；六公主则只好拿走了七公主的一个发卡。这样，七公主的10个发卡便只剩下了9个。

事隔一天，附近邻国的一位十分英俊的王子忽然来拜见国王，在闲聊中就对国王说："我养的白鹇鸟昨天叼回了一个十分美丽的发卡，我看了一下，想这一定是宫中哪位公主的。而这也是一种极为奇妙的缘分，但是也不晓得是哪位公主掉了的发卡？"

国王看到发卡确定了是公主们的，便将7个公主招来。7个公主听到了这件事，都在心里想：这是我掉的，这是我掉的。但是自己的头上明明拥有别着完整的10个发卡，所以内心都极为懊恼自己的做法，但是却又不能说出来。只有七公主走出来说："我掉了一只发卡，这两天都找遍了，但是却没有将它找出来。"

话刚说完，七公主因为少了一个发卡，漂亮的长发都散落了下来。王子不由得看呆了，就决定娶七公主，两人从此过上了幸福、快乐的日子。

在世界上，每个人都想得到太多，谁都渴望拥有很多。但是，现实却经常给予我们的却是十分有限的。在很多时候人并非要全部拥有而幸福，相反却会因为失去而美丽，我们为何一发现有遗憾就去苛求完美呢？10个发卡，就像完美圆满的人生，少了一个发卡，这个圆满就有了缺憾；但是正是因为缺憾，未来就出现了无限的转机，最终获得了圆满的幸福和快乐，这何尝不是一件高兴的事？

生活中的很多事情就是如此：只有品味到分离的相思之苦，才能领略到相聚后的幸福甜蜜；只有经历过被出卖的遗憾，才能体会到忠诚的可贵；只有品尝过失败的痛苦滋味，才能体会到成功的喜悦；只有遭遇过病魔的折磨，才能体会到健康对一个人的重要。在纷纷扰扰的世间，能够拥有幸福甜蜜，能够体会到忠诚，能够成功，能够健康地生活，不正是一种圆满吗？

真正圆满的人生，不是说你必须要拥有许多，而是你要学会付出和珍惜。在很多时候，放下就是一种快乐，能够承受起失去，就能体会到一种别样的圆满。只要你内心无挂碍，只要以一颗纯美的灵魂对待生活中的得失、缺憾，你就能收获一份圆满。

人的心灵就是一本奇特的账，它不计收入，也没有任何支出。我们所经历的一切痛苦与快乐，最终都会化作最宝贵的对生命的深刻体验将之纳入到人生这个大容器之中。有了它，人就仿佛有了两人自我，一个自我走出来去奋斗，去拼搏，也许凯旋，也许败归；而另一个自我则在内心始终都含着宁静的微笑，将汗水与血迹带回家中，将丰厚的战利品给它们看，连败归者也能得到一份这样的礼物，能够这样去看待得失，这个世界对你来说，还有什么是不圆满的呢？

月亮有圆有缺，但是正是因为此，它才留住了美丽，所以它是圆满的。当你了解了爱情中的得与失，那也是圆满的。你爱的那个人尽管不很完美，也许是有很多的缺点的，但是静下心来想想自己，又何尝不是有缺憾的，所以，你们的关系也是圆满的。

任何事情存在即有一定的道理，都有它的圆满之处。只要你以一颗平静的心去对待缺憾，便能体会到圆满。这种圆满则是超脱了现实的束缚，是个人心灵上的一种追求，也是一种对自己和对别人的宽容和大度。

6 过于执著等于失去

我们在前进的道路上，选定了自己的目标后，不懈地坚持下去是一种执著的精神，这种精神对于实现自己的目标是必不可少的。但是，有时候，过于执著却未必是好事情。比如你在执行目标的过程中，发现目标不符合实际。这时候，如果你还刻意地执著地要坚持，就变为一种偏执了。面对这样的情况，与其在那里苦苦挣扎，蹉跎岁月，还不如及早放下，否则，只会让自己体会到更多的痛苦和失落。

有一家公司需要招聘一名业务代表，通过层层选拔进入决赛的只有乔丽和贝拉两名应聘者，为了再从中找出一位最适合这份职业的员工，公司决定在不同时间段分别通知前来面试。

第二天，乔丽被公司通知前来进行最后一次的考核，乔丽在面试的时候十分稳重，各种问题都对答如流，就在这个时候负责面试的考官忽然递给她一把钥匙，随手指了一间小屋让她去那里拿只茶杯来。

乔丽过去开那间小屋的门，但她无论怎么开就是打不开，但是，她不相信自己就真的打不开了，就开始慢慢地拧，鼓捣了很长时间还是打不开。可是，她知道这是主考官给自己的最后一道难题，如果连这扇小小的门都打不开的话怎么去打开别人的心灵，于是她就一个劲地往里面拧，可是最后钥匙也被她拧断在锁孔里。

难以置信，明明是这小屋的钥匙为什么就是打不开呢？于是，乔丽就问主考官道："请问，是这把钥匙吗？"主考官抬头看了一下乔丽答道："是，是打开屋子取出茶杯的钥匙。"乔丽很为难地说："门打不开，我也不渴………"

主考官打断了她的话："那好吧，你可以回去等通知了。"

第三天公司又通知了贝拉来面试，尽管她的问题回答得不算十分流畅，但是主管考还是同样给了她一把钥匙让她去取来一只茶杯，贝拉同样也是打不开门，但是她却看见另一间屋里有一只茶杯，她就想着："主考官并没有告诉我钥匙就是这间屋的，既然是打开有茶杯那间屋的钥匙，那么应是隔壁这一间吧！"于是她抱着试试看的心态，竟然真的打开了那间小屋，取出了茶杯。

主考官很高兴，拿出她取出的茶杯为贝拉倒了一杯水，并对她说："喝杯水，然后签个协议，祝贺你，你被录用了。"

乔丽因为心中总是放不下自己心中的那份执著，一直认为主考官指定的就是那间屋子，结果怎么弄都打不开屋门，而贝拉却并没有这样认为，只是选择放下这扇打不开的屋门去试试另一间的屋门，结果她用同样的一把钥匙打开了另一间屋门，取出了茶杯。

太过执著就会变得盲目，做人要懂得变通，只有自己能够变通才能更加正确地进行选择，明明知道这扇门打不开，就不必为这扇门而苦苦追寻了，为何不放下自己的那份执著找寻出另一扇门呢?

在大西洋中有一种鱼，长得极为漂亮，银肤燕尾大眼睛。因为平时都生活在深海之中，所以不易被人捉到。但是它们会在春夏之交逆流产卵，会顺着海潮漂流到浅海。这时候，它们极易被渔民捕到。捕捉它们的方法很简单：用一个孔目粗疏的竹帘，下端系上铁，放入水中，由两个小艇托着。

这种鱼的“个性”极为要强，不爱转弯，即便是闯入罗网之中也不会停止向前游。所以，一只只便会“前赴后继”地陷入竹帘孔中，帘孔随之也会紧缩。竹帘缩得愈紧，它们就愈激怒，会更加拼命地往前冲。结果却被牢牢地卡死，最终成群结队地被渔民所捕获。

我们人类又何尝不是如此，总是喜欢给自己加上负荷，不肯轻易放下，自诩为“执著”，最终却白白浪费了过多的时间与精力。我们执著于名与利，执著于幻想的美，执著于一份痛苦的爱，执著于不切实际的空想……等到数年光阴逝去之后，才会哀伤地去慨叹人生的无为与空虚。

我们常常会这样自勉：“我一定要成为某方面的专家”“我一定要在一个领域内做出最大的成就”……但是很多时候，这些不切实际的理想与追求只会成为我们的一种负担，会羁绊我们实现那些切合实际的理想。

人生苦短，韶华易逝。执著于一个目标、一个信念那是大勇，但是如果目标不合适，或客观条件不允许，与其蹉跎岁月，徒劳无功，还不如干脆放下。你放下那宏大的美丽的理想，选择那些伸手可及的目标时，或许人生的局面就会在瞬间柳暗花明，发现实实在在的幸福正等在你的身旁。

7 弯曲一下又何妨

世事纷繁复杂，一个人的力量是有限的，当我们承受不住来自生活的各方面压力的时候，就要学会弯曲低头。否则，不仅会使你身心疲惫，耗尽你的精力，也会为此付出极大的代价。

在一个阳光明媚的午后，一只美丽的花蝴蝶从敞开的窗子飞进了一幢漂亮的房子中，一圈又一圈不停地飞舞着，它的舞姿吸引了正在瞌睡中的主人，主人的目光顿时随着这只蝴蝶运动的曲线而飘移。飞了几分钟后，蝴蝶的舞姿越来越凌乱了，显然它是迷路了。

迷失方向的蝴蝶开始在屋子上空焦急地寻找出路，有好几次它差点就要飞出窗子了，但是它总是拼命地使自己往高飞，最终撞在窗子上空的天花板，它使尽全力为了让自己飞得更高、更远。但是它哪里知道，只要它飞得再低一些就会飞出窗子进入外面的世界。最终，这只因为在高空盘旋而不肯低飞的蝴蝶耗尽了全力，奄奄一息地落在地板上。

现实生活中，有很多人都会如这只蝴蝶一样，遇事不肯低头，结果不仅把自己搞得身心疲惫，还错失了光明的前程。人生在世，每个人都会遇到压力，当你承受不住的时候，不妨就灵活地弯曲一下，向生活低个头。做人虽然不可无傲骨，但为人处世也不能总是昂着头，那样只会让你错失脚下的美丽风景，甚至还会因看不清脚下的路而栽跟头。弯曲低头不是让你倒下，而是为了更好地站立。

千百年来，我们一直推崇“大雪压青松，青松挺且直”的精神，但是那些小枝干无法承受这样的压力时，它如果还要坚持“挺且直”，最终的结果只有一个，断枝夭折。那么，当身上的“积雪”压得自己喘不过气来的时候，不妨试着弯曲一下，抖落掉满身的浮雪，就可以为以后自己长成参天大树创造条件。

在生活和工作中也是如此，如果你一味地争强，不懂得适当地弯曲一下，最终可能就要走到崩溃的边缘了。

梅琳在一家著名的外资企业工作。3 年中，她一直都是领导眼中的好员工，工作负责认真、任劳任怨。可是，最近她觉得自己快要崩溃了，甚至感觉如果再继续工作下去，就可能会疯掉。

为什么会这样呢？3 年前，梅琳从高校毕业后就得到了来这家外企工作的机会，由于机会难得，她极为珍惜。在平时生活中，只要是工作上的事情，她都事无巨细、一丝不苟。由于工作非常繁忙，所以她经常加班熬夜。有时候，由于工作任务太重，她还会因此而号啕大哭。

外企的待遇很高，在很多人的眼中，外企似乎是打工者的天堂。然而，待遇高了，付出肯定是多的。如果不懂得提高自己的工作效率，分不清事情的轻重缓急，自然会被工作所累。

为了保住自己的工作，梅琳只好没日没夜地加班。这样的生活持续了 3 年，梅琳越来越累，一想到工作就会头痛。而且生活也越来越单调，没了爱好，没了朋友，没了乐趣，她都快要崩溃了。

工作对于她来说只能是疲于应付。主管每次派给她什么工作，她只管埋头苦干，感觉精神压力大极了，而且自己从来没有停下来想过自己这样做究竟是为了什么？她也从来不知道这样的生活如何才能解脱？

即使工作再有趣，也是一种付出，如果只是埋头苦干而不注意适当地

“弯曲”下来休息一下，长时间的超负荷工作，就只会使你的心理崩溃了。如果她能适时地休息一下，享受一下生活中的其他乐趣，再重新找到工作和生活的目标，也许就不会觉得如此疲惫了。

在生活的道路上，弯曲低头是一种理智，是一种追求的韧性，一些弱小的生命为了避免过早地夭折和被毁灭，就会暂时放弃自己的欲望。而我们人类如果能适时弯曲低头，就能及时地卸去心灵中那份多余的沉重。

曾经有人问希腊大哲学家苏格拉底：“人们都说你是天底下最有学问的人，那我想请教你一个问题：请你告诉我，天与地之间的高度到底是多少？”听了这个问题，苏格拉底微笑着回答道：“不多不少，三尺！”“胡说，我们每个人都有四五尺高，天与地的高度只有三尺，那人还不把天给戳出许多窟窿？”哲学家笑着说：“因此，在这个世界上，凡是高度超过三尺的人，要能够长久地站立于天地之间，就要懂得弯曲呀！”尽管我们都是凡人，我们要想长久地站立于天地之间，要想获得真实的人生，就要学会弯曲，懂得弯曲，敢于弯曲。

那些为了满足内心的欲望，眼睛总是向生活高处看的人，不懂得适时弯腰的人，终会因撞上挫折的“门框”而弄得头破血流，终有一天要摔跟头，给自己带来不必要的伤害甚至牺牲。总有一天你会知道，在生活中，只有学会弯曲，懂得低头并且勇于向生活弯曲、低头的人，才能享受到生活的真谛，才能更好地保全自己，获得最终的成功。

8 苛求环境不如改变自己

俄国最伟大的文学家托尔斯泰说:“世界上有两种人：一种是观望者，一种是行动者。”前一种人总是抱怨自己周围的环境有多么地不尽如人意，阻碍了自己的发展。工作丢了,怪领导没眼光;人情冷漠怪同事不友善;住房不好,交通不便,行业前景不佳……都将这些责任一股脑儿推给社会,总是苛求客观因素的不如意;而自己像完全没事人似的,主观上不作为。随着岁月的流逝,年龄的增长,终才发现自己一事无成。而后一种人,从来不埋怨现实的残酷,只是用自身的行动去努力地适应环境,在前进的道路上不畏艰险,最终做出成绩来。

生活中难免有不如意之事,若你想抱怨,生活中一切都会成为你抱怨的对象;若你不抱怨,生活中的一切都不会让你抱怨。因为,环境不会因你的抱怨就马上变化,所以当事实摆在面前的时候,你不应该一味地去抱怨,而要靠自己的努力来适应现状,并用行动去改变现状。这样才能祛除内心的不满。

很久以前,在非洲的一个国家,人们不穿鞋,都是赤着脚走路的。

有一位国君到某个偏僻的乡间旅行,因为路面崎岖不平,有很多碎石头,刺得他的脚又痛又麻。国君回到王宫后,随即下了一道命令,要将国内的所有道路都铺上一层牛皮。他也认为这是一件利国利民的好事,不只是为了自己,还可造福他的子民,这样人走路时就不再受刺痛之苦了。

可是国土辽阔，就算是杀光全国的牛，也筹措不到足够的皮革，而所花费的金钱、动用的人力，更是不计其数。人们尽管知道这个事情不但难做到，而且还相当愚蠢，可谁也不敢违抗国君的命令，人们也只能摇头叹息。

后来，有一位聪明的仆人大胆向国君提出谏言："国君啊！为什么你要劳师动众，牺牲那么多头牛，花费那么多金钱呢？您何不用两小片牛皮包住您的脚呀？"国君听了非常高兴，当下领悟，于是立刻收回成命，采纳了这个建议。这就是"皮鞋"的由来。

也许我们不能改变世界，但是我们可以改变自己。如果你现在生活的环境让你感到不适应，不要抱怨，而是要首先改变自己，用爱心和智慧来面对这一切，要努力适应环境，而不是环境适应你。

古希腊哲学家柏拉图告诉弟子自己会移山术，弟子们于是纷纷请教方法。他笑着说道："很简单，山若不过来，我就过去。"弟子们听了都目瞪口呆。其实，这世界上根本没有什么移山之术，唯一能够移山的秘诀就是：山不过来，我便过去。一样的道理，当我们无法改变自己所处的环境时，那么就不妨改变自己。

每个人都可以选择自己生存的环境，你可以选择屈服，也可以使自己变得更加坚强。反过来说，你也可以选择改变环境，让环境因你而改变。改变环境还是改变自己？这一切的结果只在于你是怎样想的。

一个刚踏入社会的年轻人，经常向周围的人抱怨他的生活，总觉得事事都太艰难。

于是，他就去请教一位智者说："我认为自己快崩溃了，不知道该如何应付生活，对一切都很迷茫，觉得生活和学习的压力已经超过了自己所能承受的极限了。"

智者笑而不语，将他带进厨房中，分别往两口锅里倒了一些水，然后将它们放在旺火上烧。过了一会儿，锅里的水烧开了。他往一只锅里放了一只胡萝卜，第二只锅里放入了一个鸡蛋。然后又分别盖上锅盖开始煮。年轻人很是不明白对方的意思，心中很是纳闷。

大药过了 15 分钟后，智者将火全部关了，把胡萝卜、鸡蛋捞出来放在一个盘子里。做完这些后，他才转过身问年轻人："你看见了什么？"

"胡萝卜、鸡蛋。"年轻人这样回答。

智者让年轻人用手摸摸它们，年轻人就试着做了。

智者接着说胡萝卜在入锅之前是毫不示弱的，它非常结实，但被开水煮过后，它却变软了，变弱了；鸡蛋原本易碎，它薄薄的外壳保护着它呈液体的内脏，但是经开水一煮，它的内脏变硬了，变得更坚强了。

生活如海上行舟，并不能一帆风顺的，每个人都会遇到这样或那样的困境。在困境面前，每个人都有权决定自己的态度和前途，假如你学胡萝卜那么你将会被自己所处的环境打败；假如你学鸡蛋那么你也会因环境而变得坚强。处于什么样的环境并不重要，重要的是你的选择：是选择一味抱怨，软弱地屈服于环境，还是用毅力去适应环境，使自己变得更为强大。

漫漫人生，人需要不断地去适应环境。如果不能改变环境，就改变自己。只有这样，才能克服更多的困难，战胜更多的挫折，实现自己的目标。如果你不能看到自己的缺点与不足，只是一味地去苛求周围的环境，或将改变境遇的希望寄托在改换环境方面，实在是劳心劳神，而又是徒劳无益的事情。

9 随性生活，不必苛求

在生活中，并非每个人都是幸运的，也并非每个人的每个愿望都能得到满足，得到了这样的还想要那样的，但如果命中无此福，我们又何必去苦苦苛求呢？要知道外表再好不过是皮肉而已，老了还是长满皱纹；财富再多不过是身外之物，死了还是空有躯壳，心灵磨灭了，就什么都不存在了。所以，我们要爱护自己的内心世界，不要因为苛求得到太多而故意去折磨自己的心灵。

有一只小猫，不停地绕着自己的尾巴转圈，精疲力竭地躺在地上喘气。

一只大猫走过，询问它发生什么事了，小猫说："主人告诉我，假若我可以追到自己的尾巴，我便能永远得到幸福和快乐，所以我才不停地追逐自己的尾巴，以至精疲力竭。"

大猫叹了一口气说："我在年轻的时候，也听过主人说过同样的话，所以，当初我也与你一样为了追到自己尾巴把自己搞得精疲力竭，而从来没有感到快乐和幸福，后来我放弃了。当我随性生活的时候，才发觉幸福和快乐原来就在后面跟随着我！"

幸福和快乐不是刻意去追求才能得到的，它其实就在我们的周围，在我们的内心深处，只有随性而为，便能够感受得到。

随性而为是顺从于心灵的一种简单的自由的生活，心里想怎么样，就怎么样去做，就像小草自然地发芽、生长一样；就像小鸟在天空中自由地飞翔一样，不用受尘世的任何束缚和约束。不必为了得到别人的赞美而去故意做作，不必为了满足内心的物欲而给自己的心灵套上枷锁，不必为了显示自己的威严而在孩子面前故作严肃、深沉……它是一种完全根据本我的需求去支配自己行为的一种生活方式。

有一天，小强与爸爸到后院中玩耍，发现后院有草地一片枯黄。小强就对爸爸说："爸爸快撒些草籽上去吧，这草地太难看了。"

"不着急，什么时候有空了，我就去买一些，草籽什么时候都能撒。"爸爸答道。

冬天过去后，爸爸把草籽买了回来，交给小强说："去吧，把草籽撒在地上。"起风了，那些草籽被风吹得满地都是，小强很是着急："不好，许多草籽都被吹走了！"

爸爸说："没关系，吹走的多半是空的，撒下了也发不了芽，担什么心呢？随性！"

就在这时候，一群小鸟飞来了，又把刚刚撒在地上的草籽吃了，小强惊慌地跟爸爸说："不好了，草籽都被小鸟吃了！"

爸爸又说："没关系，草籽多，小鸟是吃不完的，你就放心吧，过不了多久，这里一定有小草！"

小强为爸爸的回答很不高兴，晚上睡在床上想，那些草能不能活下去呢？一会儿，又听到外面响起了雷声，一会儿就下起了大雨，他的内心更急了，暗暗担心自己种了一天的草籽到最后什么也没有了。

第二天早上他来到院子里一看，果然地上没有一颗草籽了，他连忙冲进爸爸的房里："爸爸，昨晚下了一场大雨把地上的草籽都冲走了，怎么办啊？"

爸爸不慌不忙地说："不用着急，草籽被冲到哪里就在哪里发芽。随缘吧！"

不久，许多青翠的草苗果然破土而出，原来没有撒到的一些角落里居然也长出了许多青翠的小草。

小强高兴地对爸爸说："太好了，我种的草长出来了！"

爸爸点点头说："随喜！"

小草有小草的生命规则，只要有水有土的地方就能发芽，只要你撒下了草籽就不必担心小草不能发芽，我们的生活也要随性而为，不必刻意强求，如果你过于担心，只会影响你的生活与工作。任何事情都有其规律，与其百般思量，不如随性而为，这样才更容易让我们感受到生活的乐趣与意义。

下岗了不必烦恼，再找一条出路，这说不定就可以让你结束打工生涯，走上创业之路；有病了不要伤心，如果乐观相对，心情好了，病痛自然也就减轻；没有钱是吧，有双手啊，有大脑啊，有这两样东西，你还怕什么？烦恼只会让你更添情愁，伤心只会让你更加劳累，害怕只会让你走入地狱。

随性生活是一种坦然的生活，是一种乐观的生活。在物欲繁杂的现代社会中，它更重要体现的是一种心境，一种精神，一种对生活的态度，一种至高的生存追求。随性生活，才能使我们放宽心思，才能欣赏到生命的真正精彩的部分，才能活出真色彩。

上天既然给了我们生命，我们就应该活出它的价值，而随性生活，就是顺着自己的心意去探寻生命的轨迹，不必去计较一时的得失，不必去在意那些身外之物，这样才能让自己切实地活出真正的自我，才能体现出自我的真正价值。

10 化繁就简，给自己的心灵放个假

在竞争日益激烈的现代社会，人们的生活节奏也越来越快，很多人都终日被生活中的"日程表"所束缚，上面记满了我们每天都必须要做的事情，它占据了我们生活的重心。而当自己想稍微放松时，时间又被电视、网络游戏、健身场所、娱乐中心所淹没，很多人觉得自己活得越来越压抑，越来越找寻不到自己心灵的空间。与其这样苦苦折磨自己，不如将这些"日程表"化繁就简，试着给自己的心灵放个假。

美国著名的作家爱琳·詹姆士一生都倡导人们要过一种简单的生活，她认为只有简单地生活才能活出自我来。

爱琳·詹姆士在年轻的时候不仅是个作家，还是一个投资人兼职一个地产公司的投资顾问。她在努力奋斗了十几年后，突然有一天，她坐在自己的办公桌前，呆呆地望着这些写满密密麻麻事宜的日程安排表。这时候，她的内心被触动了一下，她意识到自己再也忍受不了这张令人发疯的日程表了。自己的生活确实太过复杂了，用这么多乱七八糟的事情来将自己清醒的每一分钟都塞得满满的，简直就是对自己的一种折磨，这也是一种极为疯狂愚蠢的生活。也就是在这个时候，她终于作出了一个决定：要开始摒弃那些无谓的忙碌，给自己的心灵放个假。

于是，她就开始着手给自己列出一个清单来，将那些需要从自己的生活中清除的事情都罗列出来。然后，她采取了一系列"大胆"的行动：取消了

当日所有的电话预约，并将堆积在办公桌上所有读过或没有读过的报纸和杂志全部都清除掉。她也注销了自己全部的信用卡，为了不让每个月收到的账单函件打扰自己。

就这样，她通过改变自己的日常生活与工作习惯，使她的房间与庭院的草坪变得更加简约、整洁。原本她每日的清单总共有八十多项内容，经过她的清除后，变为了十多项内容。将自己的日程化繁就简后，爱琳·詹姆士得到了许多空闲的时间，心灵也得到了休整，整个人快乐了许多。

爱琳·詹姆士在自己的作品中说："我们的生活已经太过复杂了。在我们今天这个历史进程中，从来没有像我们今天这个时代拥有如此多的东西。这些年来，我们一直被外在太多的物欲诱导着，我们误以为自己只要努力就一定会拥有一切东西，但是，这些东西事实上却让我们沉溺其中并且心烦意乱，因为它们使我们失去了创造力。与其这样忍受折磨，不如舍弃这些东西，给自己的心灵多腾出时间来休个假，这样才能使我们的创造力永远旺盛。"

在现实生活中，我们也可以时刻停下来反思一下自己：每天有多少事情是不得不勉强去做的？追求外在的舒适和烦琐的例行公事是否让你的生活也落入浪费时间、浪费精力的陷阱中呢？其实，如果我们能及时减少那些程式化的活动，并不会因此而减少让自己心灵获得快乐的机会。

美国著名作家德莱赛说："习惯促使我们去做所有的日常琐事。而我们总是担心如果不去做，就会失去什么东西。其实，也许我们的确会失去什么东西，但是这并没什么不好，我们至少还可以好好地活着。不仅是好好地活着，而是活得更潇洒了，因为我们再也用不着费尽心机试图去做所有的事情。那些对人类艺术领域作出过卓越贡献的人，如毕加索、凡·高、莫扎特等，这些人都是生活在极为简单的生活之中的。这样才使他们能够全神贯注于自己的领域，从而挖掘到灵魂深处的创造源泉，为此，他们也获得了极为丰富精彩的人生。”

我们时常感觉到生活充满了压抑，心灵负累太多，主要是因为我们给自己额外增加了一些不必要的工作。这些工作使我们表面看起来是有所追求，是积极向上的，但是仔细分析过之后才突然发现，我们陷入了为忙碌而忙碌的怪圈之中。为了不承担懒惰、消极的恶名，或者为了一些外在的可有可无的消费享受，我们不得不将自己指使得团团转，这实在是一种极为错误的心态。

所以，那些忙碌的人们以及生活中喊“累”的人，是该清醒一下了，只要你能静下心来仔细分析一下，就会发现很多东西是需要我们放下的。摒弃那些多余的东西，才能让自己不迷失方向。我们其实可以用更多的时间与精力去做一些自己真正应该做的事情上面。你可以在闲暇之余，拿出一张纸，列出一个表，将那些多余的生活“内容”和自制的娱乐项目清除掉，想想出去野炊或野营，或做点手工艺，出去锻炼一下身体或种点花草，甚至读点书，画幅画，写写文章……给自己的心灵放个假。虽然这些娱乐活动很简单，但至少可以让你获得快乐。

伟大的哲学家尼采曾经说：“很多的伟大的思想都是在简单的散步中产生的。”生活中一些不起眼的行为就有可能会让你感到无比的舒适和轻松，而散步就是其中最简单，也是最廉价的一种。所以，当你面对超负荷的工作压力的时候，当你感到身心疲惫，再也无力应战的时候，当你遇到烦心事，思绪混乱的时候，就不妨给自己一个独立的安静的环境，不妨去公园逛逛，欣赏一下自然的花草树木……这时候，你可能就会突然发觉：天依然是那么蓝，云也是分外的洁白，这个世界还是如此美好，这时自己也应该拥有一份好心情！你还可以撑起一把花伞在雨中漫步，在青石板的小巷里欣赏雨中的美景，那时，细雨会将你内心的烦闷、不快一并冲洗干净……

舍掉一些无谓的忙碌，时常给自己的心灵放个假，不但会使你疲惫的神经得到适当的放松，也会使你乏味的平淡的生活得到点缀，会让你享受到更多生活中美妙的色彩。

11 简单的生活最精彩

著名作家刘心武说："在色彩斑斓的现代生活中，我们一定要记住一个真理，那就是活得简单才能获得心灵的自由。"确实，简单是一种美，是一种朴实且散发着灵魂香味的美。

在生活中，我们时常会叹息生活太沉重，累得我们疲惫不堪，几乎要迷失方向。有时候还会禁不住地问自己：是自己缺少真正的热情与精力去承受生活，还是生活本身就是如此沉重呢？

一个年轻人觉得生活很沉重，便问智者：生活为何如此沉重？

智者听罢，就随即给他一个篓子，让他背在肩上并指着前面一条沙砾路说："你每走一步就捡一块石头将之放进去，最后体会到会有什么感觉。"

年轻人就背上篓子，一路不停地捡拾，走到路头，他就回过头来对智者说："越来越沉重了！"

智者说："这也就是你为什么感觉生活越来越沉重的原因。每个人来到这个世界上时，都会背着一个空篓子，然而我们每走一步都要从这世界上捡一样东西放进去，所以才有了越来越累的感觉。"

是的，生活原本是轻松的，我们并不缺少真正的热情与精力去承受生活，而是我们的生活太过于复杂。我们的周围到处都充斥金钱、功名、利益的角逐，处处都充斥着许多新奇和时髦的事物……被这样复杂的生活所牵扯，我们能不疲惫吗？

“简单点儿，再简单点儿！奢侈与舒适的生活，实际上妨碍了人类的进步。”这是梭罗的一句名言。梭罗同时也发现，当他将生活上的需要简化到最低限度时，生活反而会更加充实，因为他无须为了满足那些不必要的欲望而分散自己的心神。

的确如此，简单的生活，真的是最充实、最精彩的。生活在灯红酒绿、推杯换盏、斤斤计较、欲望和诱惑之外，不用挖空心思去依附权势，不必去贪图金钱，用不着留意别人看你的眼神，没有锁链的心灵，快乐而自由，随心所欲，该哭就哭，想笑就笑，简简单单地存在着，何尝又不是一种惬意呢？

海边一间破陋的房屋里，住着一位老太太和她的老伴，家里只有一个盛鱼的大木盆。他们的日子虽然过得很清贫，但却非常有意义。每天老头子都会到海里去打些鱼回来，等他们吃过饭后，老头子就会陪她看星星，拉拉家常，平静中有一种和谐的美。然而，这种和谐在不久之后，被一件事而打破了。

有一天，老头子又外出打鱼，打到了一只会说话的小鱼，小鱼为了活命，就答应他帮他实现三个愿望。老头子感到困惑，就把此事告诉了老太太，老太太却为此十分高兴。

老太婆在欲望中沉沦了，她开始苦苦思索，想了好久都想不起来自己要什么了。后来，她就将自己孤立起来，在孤独中开始追寻，她不知道自己在追寻什么，但是她却不能自拔了，在梦想中越过越上隐，她想完了豪宅，又想金屋，想完了金屋想当女王，想完了女王就又想着要去做那些小鱼的掌管者，最终由于太过劳累而死去了，临终前也没能想出来，自己想要的究意是什么！

由此可见，简单的生活能够使人珍视人与之间的情感，能够体验到生活中真正的幸福、快乐和轻松；而富足奢华的生活带给人的只有劳累与疲惫。所以说，简单的生活更能让人认识到生命的真谛所在。

简单的生活不是忙碌的生活，也不是贫乏的生活，它只是一种不让自己迷失的方法，你可以因此抛弃那些纷繁而无意义的生活，全身心投入你的生活，体验生命的激情和至高境界。

既然简单的生活如此精彩，如此能体现生命的价值，那么，生活在现代社会中的我们应如何才能让自己的生活变得更为简单呢？

要想活得简单，首先要做的事情就是知道什么才是自己真正想要的。你可以在你手边备一张便条纸、一支笔，将自己想要的东西、想完成的事情都列出一个清单出来。当达到其中一项目标时，就能产生一种强烈的成就感与满足感；如果条件限制，暂时做不到，那么只要将它继续留在清单上好了。过一段时间，我们可能就会惊奇地发现有的愿望居然自己实现了；或者那些我们实现不了的愿望，也就没想要急于去实现它了。

其次，要想过一种简单的生活，就要做到心存简单，不要让心灵背着太多的欲望包袱，不要与其他人进行攀比，不要终日惶惶不安地迷失在自己制造的种种需求中，在物欲的罗网里苦苦挣扎；内心简单了，欲望和追求也自然就会少了。

要想过一种简单的生活，就要安于淡泊并远离各种名利和物欲的困扰。不要让内心太多的虚荣不停地抽击生活的陀螺，不要让太多的名利思想去遮住心头的灿烂的阳光。

要想过简单的生活还要以积极的心态去对待生活、热爱生活，不要总以消极的眼光去看待生活。要有目的地去生活，保证有充分的时间去做自己想做的事情，尽力不要让时光在繁乱的事情中流走。简单的生活是将生活和现实（有限的收入、时间和精力）与自身的价值相结合，并将它们应用到一种舒适、有效的生活方式之中……

总之，简单的生活也是一种有艺术的生活，只要你肯于听从于你的内心，就能让自己活得简单，不被生活的琐事所缠，这样的生活也是最为精彩的生活！

12 闲适恬淡，静享此刻

在忙乱的生活中，你是否有这样的感觉：忙碌了一天回到家后，内心还是莫名其妙地会陷入一种不安之中？于是，开始反思：为何不安呢？但想了许久，都找不出确切的答案。这主要是因为我们总是苛求自己不停地忙碌，以至于使忙碌深深地同化到我们的心灵深处了。

一位专栏作家曾这样描述过一个普通上班族的一天：

早上 7 点钟，闹铃声响起。然后开始起床忙碌：洗漱，穿职业套装。然后开始吃早餐，随后随手抓起水杯和工作包，急急忙忙跳进汽车，接受每天被称为上班高峰时间的煎熬。

从上午 9 点到下午 5 点工作，工作中装得忙忙碌碌，极力掩饰错误，微笑着接受着来自各方面的工作压力。当“重组”或“裁员”的斧头落在别人头上时，自己长长地舒了一口气。然后再扛起额外增加的工作，不断地看表，并不断地与内心的良知作斗争，行动上却和老板保持一致，脸上时刻要挂满假意的微笑。

下午5点后，坐进车里，行驶在回家的高速公路上。开始与家人或好友相处，吃饭、聊天、看电视。

10点钟开始睡觉，以防明天因迟到被罚当月奖金。

上述所描写这种机械、无趣的生活离我们其实并不遥远，很多人都与上述这位上班族一样，每天都在一片大脑空白中忙碌着，置身于一件件做不完的琐事与想不到尽头的杂念中，整天都在忙忙碌碌，丝毫体验不到生活的任何乐趣。

就这样，我们每天都在重复着这样的忙碌生活，苛求自己将内心的弦绷得紧紧的，生怕一停下来就被社会所淘汰。然而，麻木与紧张并非是生活的本质，面对这样的生活，我们就要抛开一切，放开内心绷紧的弦，让自己清闲下来一段时间，这样，你就会重新找到生活的意义和乐趣。

我们的人生就像是在演戏剧一样，很滑稽，我们往往不断追逐某些东西，为此永远不知疲惫，但是往往会在最后发现，在自己匆忙赶路寻找风景的时候，却失去了感受此刻沿途最美的风景。罗丹说："不懂得享受当下的生活是我们最大的悲哀。"生活中的此时此景总是被我们忽略，我们在无意中就预支了"此刻的生活"。为此，我们根本感受不到我们生活的真正乐趣。所以，在生活或工作中，我们无须去苦苦苛求自己，要不时地停下来欣赏一下当下生活的美妙。

一个牧师在布道词里讲了这样一个故事：

"上帝给我分派了一个任务，让我牵一只蜗牛出去散步。于是，我就照做了。在途中，我尽管走得很慢，蜗牛尽管已经在尽力地爬，可每次才能挪动那一点点距离。于是，我开始不停地催促它、吓唬它、责备它。蜗牛也只是用抱歉的眼光看着我，仿佛说自己已经尽力了。我恼怒了，就不停地拉它、扯它，甚至想踢它，蜗牛也只是受着伤，喘着气，卖力地往前爬。

我想：真是太奇怪了，为什么上帝要我牵一只蜗牛去散步呢？于是，我开始仰天望着上帝，天上一片安静。我想，反正上帝都不管它了，我还管它干什么，任由蜗牛慢慢往前爬吧，我想丢下他，独自往前赶路。我就放慢了脚步，想将它放下，静下心来……咦？忽然闻到了花香，原来这边有个花园，我感到微风吹来，原来此刻的风如此温柔……而我以前怎么都没有体会到呢？

我这才想起来，莫非是我犯了错误，原来是上帝叫蜗牛牵我来散步的……”

是的，我们已经在自己的过分苛求下，习惯了忙碌的生活，这样无论如何也感受不到路途中美丽的风景的。如果我们能够放下苛求，让此刻的自己松懈下来，就可能体会到生命的真谛。要想使自己停下来吗？如何去做到呢？

你可以这样去做：从每天抽出一小时，什么也不做。当然前提是你一定要找一个清静的地方，否则如果遇到了熟人，你一定不可避免地会像往常那样与对方漫无边际地聊起来。也许刚开始的时候，你会觉得心慌意乱，因为还有那么多事情等着你去干，你会想如果是工作的话，早就把明天的计划拟定好了，这样干坐着，分明就是在浪费时间。但是，你必须要将这些念头从你的大脑中赶走，坚持下去，渐渐地你就会发现，整个人都轻松多了。你会体会到这一个小时的时间是如此的惬意，然后再做起工作来，不再会像以前那么手忙脚乱了，你可以很从容地去处理各种事务，不再有逼迫感。当然，你可以慢慢地逐渐地延长空闲的时间，每天两个小时、三个小时。一旦养成了习惯，你的生活将得到很大改善，你就会从那种时刻都紧张的情绪中解脱出来，使头脑得到彻底地净化。

13 随遇而安，充分享受人生

平淡的生活，幸福和快乐是无处不在的。不管是狂风暴雨，还是艳阳高照，都是可以成为生活中最为美丽的景致的，也都是值得我们好好地仔细去品味的。但是，如果你总是担心会被大雨淋湿，害怕艳阳会晒黑了皮肤，那么你就自然很难享受到生活的真正乐趣。

乔伊丝夫妇俩一直都渴望有个可爱的孩子，而且他们老早就给孩子起了名字——夏洛特。但是，这个心愿他们在10年后才得以实现。

夏洛特是他们的宝贝，乔伊丝夫妇想尽办法地去教导儿子，连他走路的方法都会清清楚楚地告诉他："我的好孩子，走路时一定要记得看着地上呀！防止滑倒。"为此，夏洛特从小就在父母的叮咛中成长。乖巧的夏洛特也相当遵从父母的教导，只要走路，必定会紧盯着脚下的路。

有一天，乔伊丝一家人高高兴兴地到山外郊游，爸爸就开始教导儿子说："在山路上行走时，还是一定要紧看着地上呀，否则，你有可能会不小心摔倒而掉到山谷中，知道吗？"

夏洛特听话地点了点头，说："我会的，爸爸！"

慢慢地，夏洛特也长大了。有一天，他准备到海边游玩，妈妈则连声叮嘱他道："儿子呀！当你走到沙滩上时，也一定要千万小心，双眼一定要盯着脚下，因为海浪随时会出现，以防它们将你卷入海里。"

不幸的是，乔伊丝夫妇后来在一次意外中离开了人世，离开了夏洛特。

可怜的夏洛特因为从小就听惯了父母的引导与叮咛，如今也只能在父母过去的叮咛中，继续自己的生活。

夏洛特认真执行父母的叮嘱，在地板上，在山间，在海滩上，他眼睛都会紧盯脚下的路。从来不注意自己周围的美丽环境。他不知道流水声是从哪里来的，不知道浪潮声是从哪里来的。因为不论走到哪里，“听话”的夏洛特总是低着头不停地往前走。

夏洛特就这样从来没有跌倒过，也没有滑倒或碰伤过，一生几乎都毫发无损地“低着头”走完了他的一生。

但是，在他临死之前，他仍旧不知道，天空原来是蓝色的，天上不仅有着美丽的云彩，还有极为耀眼迷人的星星。此外，他更不知道自己所走过的每一个地方，几乎有多么美丽……

生活中有太多的美丽，只是我们内心的犹豫和顾虑太多，所以错失了许多美丽的景致。就如夏洛特的父母一样，因为太过于害怕危险、担心受伤，让儿子不能真正地享受美丽的人生。

生活的最大乐趣，就是能够多经历一些失败和痛苦与成功的喜悦，这才是生命原本的意义，也是我们活着的重要目的。想要充分地享受到人生的乐趣，就要学会“随遇而安”。

有一次，玛特从偏远的农村搭车回城，车到途中，忽然抛锚。那时正值夏季，午后的天气，闷热难当。

在烈日炎炎的公路上停滞不前，着实让人着急。但是，玛特一看当时的情境，就知道自己再着急也没有用，无论如何都要慢慢地等到车子修好才可以继续向前。

于是，他下车来询问司机，才知道车子修好要用三四个小时。于是，他就独自步行到附近的一条河边游泳去了。

河边清静凉爽，风景宜人，在河中畅游之后，玛特感到浑身的暑气全消。等他愉快地游泳回来后，车子已经修好了。他就搭上车趁着黄昏的晚风，直向城中驶进。

之后，他逢人便说："那是平生最为愉快的一次旅行！"

由此看出随遇而安的妙处可见一斑。假如是别人，在那种情形之下，可能会顶着烈日，一边抱怨，一边着急，而那个车子也不会提早一分钟修好，而那次出行就会变成一次最为痛苦、最为烦恼的旅行。

环境和遭遇总会有不尽如人意的时候，要想过得快乐，关键是你如何去面对这些逆境与不顺，知道人力无法改变的时候，就不如去面对现实，随遇而安。与其怨天尤人，徒增苦恼，还不如因势利导，去适应环境，抓住有利的条件，尽自己的力量与智慧去发掘隐藏在生活中的乐趣。就如舒伯特所说，只有那些能安详并且能忍受命运之否泰者，才能够充分地享受到人生的真正快乐。

当我们正处于无可改变的环境中时，只有勇敢地面对，识别掩藏在你身边的幸福，并且从容地去发现崭新的道路，才能好好地拥抱此刻，享受到每一分每一秒的快乐与宁静。

第六章 人之所以会抱怨，是因为不懂感恩

——失之坦然，用微笑将痛苦掩埋

『祸兮福所倚，福兮祸所伏』，任何事物都有两面性。很多时候，我们之所以会过于沉浸在不幸、挫折和磨难的悲伤中，之所以会对它们心存怨恨，是因为我们没有转换自己的心态，看到事物积极的一面，不懂得感恩。

一个人只有心存感恩，才能看到苦难和折磨背后所隐藏的机遇与感动，才能珍视挫折、磨难，才能将之转化为前进的动力，才能使自己在坚强中收获成功的果实。只有心存感激，才能坦然面对生活中的得与失，让自己的人生更为洒脱、快乐！

1 苦水只会越吐越苦

在生活中，人们总是只看到别人快乐、潇洒的一面，总会将别人如意的地方与自己不如意的地方相比，总觉得自己比别人要过得差，以至于每日都郁郁寡欢。实际上大可不必如此，每个人都有痛苦的时候，你之所以痛苦，是因为不知道有人比你还要痛苦。

有一天，一位智者将全世界自认为最为痛苦的一千个人聚集在一起，问他们：“你们感到十分痛苦吗？”

每个人在人群中都争先恐后地说自己非常痛苦，希望智者能够消除自己的痛苦。

智者说：“好！我知道你们都很痛苦，但是现在每个人都要将你们自己痛苦的事情都写在纸条上，好让我明白！”

大家很快都写好了，智者又说：“现在你们拿自己手中的纸条尽可能地与别人交换。”

一千个人在交换过别人的痛苦后，纷纷地惊叫道，急忙要回自己原来的痛苦。

悲观的人，总是相信别人比自己快乐，比自己活得更顺心、更洒脱、更能把握自己的人生。但是他们却没有想到，别人在生活中也同样会面临各种各样的难题，正是因为他们不想，因此就产生自怨自艾的想法。

苦水是一片阴云，会越吐越多，越吐越苦，对于解决问题不仅无益反而有害，甚至还会导致焦虑和抑郁等情绪的产生，这些负面情绪会渐渐地湮灭我们内心仅剩的一点点快乐与活力，这就是心理学上所说的“情绪传染”或者“传染性焦虑”的现象。

在生活中，当我们心情不好时会找别人吐苦水，想博得别人的同情，但是凡事都必须要有个限度，反复重复自己的不幸，只会让人觉得你是个生活的“怨妇”，最终得到的只可能是看客悲剧心理的满足与茶余饭后的谈资，以及别人对你的厌烦，这样的结果就是让你感到越来越苦，直至无法承受。

自从丈夫去世之后，晓梅的性格就变得怪异，心中时时充满愤怒，整天在朋友面前抱怨生活的不公。她内心憎恨孤独，孀居 3 年后，她的表情也变得硬邦邦的，几乎看不到一丝笑容。

有一天，晓梅在路上走着，忽然就看到一幢她以前非常喜欢的房子的周围竖起了一道新的栅栏，那房子虽然很旧了，但是院子里面却打扫得干干净净，院子里种植着各种花草，显得很是安静。晓梅注意到里面有一个系着围裙、身材瘦小、弓腰驼背的女人在拔着杂草，修剪鲜花。晓梅不由得停下来，长久地凝视着栅栏里的一切，看到那弱小的女人正要试图开动一台割草机。

“喂，你家的栅栏，真是太美丽了！”晓梅一边喊着，一边挥动着手。那个女人也蹒跚着站起身，看着晓梅。她微笑着说：“到门廊上坐一会儿吧！”

晓梅同女人一同走上后门的台阶，那女人打开拉门，说：“这些年我都是独自一个人生活，经常会有许多人来我这里聊天，他们喜欢看到漂亮的东西。有些人看到这个栅栏后便会向我招手，几个像你这样的人甚至走进来坐在门廊上与我聊天。”

“但是前面这条路扩宽后，这里发生了如此大的变化，难道你内心不介意？”晓梅问道。

"变化是生活中的一部分内容,也是铸造个性的因素。当不喜欢的事情发生在你身上,你总要面临两个选择:要么痛苦愤怒,这样做的结果只会让自己越来越痛苦,因为你不停地重复自身的痛苦,重复一次,就会让自己再痛一次,久而久之,伤痛就成为你生活中的一部分了;要么就振奋进步,用微笑与努力将痛苦掩埋,它就再也不会影响到你了。要知道,太阳每天都是新的,它从来不会因为你而改变什么,既然如此,不如选择后一种……"

听到此话,晓梅的内心深处就有一种新的感受,只是感觉到,由愤怒筑建起来的心灵的坚硬的围墙轰然倒塌了……

是的,苦水只会越吐越多,你每重复一次,内心就会痛苦一次,久而久之,你的内心就会变得抑郁起来,痛苦也就成为你生活中的一种习惯。所以,当我们遭遇不幸或遇到纠结的事情时,一定要及时地敞开心扉,让阳光驱散掉心灵深处的阴云,那么黑暗便会与你绝缘,你将会永远地生活在快乐舒心的氛围之中。

2 你的上帝就是你自己

生活中真正的富有就是让你自己所拥有的东西物有所值。如此这样说,也就意味着世界上每个人都是富有的,所以我们没有必要经常抱怨上帝给我们的太少,因为上帝就是你自己。人活着一天,就要懂得好好珍惜自身所拥有的,并好好利用其去改造自己。当你哭泣自己没有鞋子穿的时候,你会发现有人却没有脚。珍惜自己所拥有的,命运需要你自己去创造,需要自己去呵护,而且只要努力并懂得知足,每个人都能创造出人生中最美丽的风景!

有一位青年，总是抱怨上帝对自己不公，无论如何也发不了财，他自以为自己是世界上最贫穷的人，终日愁眉不展的。有一次，他偶然与一位智者结伴而行。

快到天黑的时候，青年便邀请智者到自己家中过夜，智者也向对方道谢，并与青年一起到了他的家中。到半夜时分，智者忽然听到屋外有人蹑手蹑脚地来到他的屋子中，于是大喝一声道：“谁？”

青年男子被吓得跪坐到地上，智者点灯一看，才看清楚。不禁吃惊地问道：“哦，我知道了，你留我过夜原来就是为了这个呀！其实我没有多少钱，这次可能让你失望了！”

青年男子却说：“你是一位智者，一定知道赚钱的方法与技巧，你能告诉我如何才能够做一笔大买卖呢？”青年的态度极为恳切、虔诚。

智者看到青年这样子，很是失望地说：“真是可惜呀！你放着终日享用不尽的东西不去学，却来做这种事情。你想要得到这种终生享用不尽的东西吗？”

“这种终生享用不尽的东西是什么？它在哪儿呀？”这位青年男子便急迫地问道。

智者很严肃地回答道：“就在你身上呀！”男子还是十分不解说：“我哪有什么终生享用不尽的东西？我没有存款，没有任何值钱的家当……”

智者说：“假如现在我斩掉你一个手指头，给你1万元，你干不干？”

“坚决不干。”青年男子急忙摇着头，并明确地答道。

“那么，假如斩掉你一只手，给你10万元，你干不干？”智者又问。

“不干。”青年又明确地答道。

“那我用100万元换取你的一双明亮的眼睛，让你马上变成一个70岁的老头，你会考虑吗？”智者继续问。

“不,绝不同意。”青年又答。

“给你1000万,你把你的生命给我,你干不干?”智者说。

“当然不干了!”

智者听罢笑了笑,语重心长地对他说:“这就对了呀,你怀中已经揣着1000万的财富了,为什么还哀叹自己贫穷呢?既然有一双手,就可以劳动,你有一双眼睛,可以学习;你有生命,可以为自己创造一生受用不尽的财富,你有多么丰富的财富呀!你却不懂得珍惜。”

智者的话犹如醍醐灌顶,一语将青年从梦中惊醒!他谢了智者,昂首阔步向外走了出去,俨然自己成了一位大富翁,因为他知道自己已经拥有了改变命运的本钱。

在现实生活中,如这位青年一样哀叹自己贫穷的人有很多,有的哀叹自己没有更多的金钱,有的哀叹自己能力不足,有的哀叹自己相貌难堪,有的哀叹自己精神贫乏,诸如此类,我们总是期待得到那些我们没有的财富,总觉得缺少了那些就得不到快乐,然而却忽视了我们本身所拥有的。殊不知,我们所拥有的那些往往是我们自己生命中最为珍贵的。明白了这些你就会发现,自己原来是个很富有的人了,自己就是拯救自己的上帝。

父母给了我们生命,又把我们养大,就是要我们用自己的双手去实现自我,创造生活,每个人都握着改变自身命运的自主权,如果明白这个道理就不会走上歧路,也更能够体会到自身的价值。所以,我们不必再抱怨自己因为没有金钱,就一无所有,其实,每个人都是一座宝藏,关键在于你如何去挖掘。

因为年轻,我们有时间和精力去改变自己;因为空闲,我们能自由支配自己;因为年长,我们就有经验和智能去创造富有;因为恬静,我们就有思考与自乐的自由。只有不懂得珍惜自我的人,才会觉得自己总是一贫如洗。

3 遇到麻烦笑一笑

用幽默的心情看待人生，其实正是我们现代人应有的生活态度。遇到倒霉的事情时，如果我们都能够放松心情，那么，面对人生过程中的起起伏伏，我们不仅能够轻松应对，更能在霉运当头时，盼到转机的到来。

有一天，梅涛下班以后，便拦了一辆出租车。一坐进车中，他便感觉到这位司机是一位极为乐观的人。因为，司机先生一会儿吹吹口哨，一会儿播放时下最流行的歌曲。梅涛见他如此快乐，便羡慕地对他说："你今天的心情真好呀！"

司机先生笑着说："当然呀，我每天都是如此呀，为什么会心情不好呢？"

梅涛微笑着回应道："说得也是呀！不过，你不会遇到令你心焦的事情吗？"

司机先生接着又说："不幸的事情经常发生，但是我悟出了一个道理，发现情绪暴躁或低落，对自己一点好处也没有，更何况，事情总会出现转机的！"

梅涛听到司机这么一说，便好奇地问道："怎么说呢？"

司机缓缓地回答说："有一天早晨，我照常开车出门，想趁着上班高峰期多拉几个人，多赚点钱，但情况却未如预期的顺利，因为车子没开出多久就爆胎了。当时天气极为寒冷，车子停在路边，我的心情也极为低落。接着，我无奈之下拿出了工具要换轮胎，但是因为天气太冷，外面的风太大，我换轮胎的过程极为不顺利。"

司机故意停顿了一下，便接着说："就在这个时候，有个路过的司机便从卡车上跳下来,一言不发地上前来帮助我,而且完全不必我动手,这位陌生的卡车司机很熟练地就把轮胎换好了。当我向对方表示感谢,想给他一些酬谢时,却见他轻轻地挥了挥手,立即跳上了车就离开了!”

司机笑着说,因为那个陌生人的帮忙,让我一整天的心情都大好,也让我相信,人不会永远都倒霉的。在轮胎问题解决后,我的心胸也顿时打开了,而好运似乎就跟着进了门,那天早上乘客一个便接着一个,生意也比其他人要多出一倍呢!所以,当遇到麻烦,我总是对自己说:不必再心烦了,马上就可能会出现转机的,生活不会永远地都停在不如意之中。

生活中的事情就是如此,什么麻烦都不会永远停留在不如意之中的,与其悲观失望,不如乐观面对,给自己一些积极的心理暗示力量,这样就能够让自己充满自信地去改变事情,也更能迎来转机。

一位芭蕾舞演员因为长期艰苦的训练而使脚变形了,大家都为她感到惋惜,因为她如此曼妙的身材却有一双如此沧桑、丑陋的脚,而她却笑着说:“一穿上这双舞鞋,我便根本无法停下来!这双脚越丑陋,就代表我离成功不远了!”最终,她就凭借自己的毅力成为世界上顶级的芭蕾舞演员。

这位芭蕾舞演员正是因为拥有了积极的心态,最终才让自己登上了成功的殿堂。由此可见,积极的心态确实能够改变人的不幸的际遇。

在生活中,许多人经常会这样说“如果再将我置于当时的境遇中,我肯定不会那么悲观、失望了,我肯定会以乐观的情绪相对!”但是,要知道生活永远不会给我们第二次选择的机会,我们可以转身去看,却永远不能回头。如若体会到这一点,就以积极的心态面对当前遇到的麻烦吧,它就像我们过去所遭受的不幸一样,终究会出现转机的。

美国著名的社会学大师拿破仑·希尔,在他还是一个小孩子的时候,发生了这样一件事。有一次,他与邻居的几个小朋友一起在密苏里州西北部一间荒废的老木屋的阁楼上玩耍，由于太过兴奋，一不小心，他就从高高的阁楼上滑了下去。手指上因为偷带着妈妈的一枚戒指，在滑落的过程中刚好钩住了一根钉子，一股强大的力量就将他的整个手指都脱了下来。他尖声地叫道，鲜血直流，所有的孩子都吓坏了，拿破仑·希尔也以为自己死定了。然而，他活了下来，但是却失去了一根手指。

他是一个极为乐观的人，经过长时间的治疗，他的手好了之后，他就再也没有为此而烦恼过。因为烦恼是没有什么用的。他就接受了这个不可逆转的事实，他根本就没有为此自卑过。

后来，他用幽默的语言将自己的故事写成了一本书，获得了巨大的成功。

在岁月的长河中，我们每个人都会遇到一些令人不快的情况或麻烦的事情，在这个时候，与其悲伤难过，不如乐观地接受它，并且适应它。这样就可以用自己的积极乐观来湮没那些不幸，最终让这种不幸转变为一种幸运的事情。就像拿破仑·希尔一样，相信这些不幸总会成为过去，没有必要给自己制造更多的麻烦。不要让一时的不如意影响你的心情，笑一笑，以乐观的心情面对，你就会发现，天大的问题终究有解决的方法，再大的困难终究会成为自己的一笔巨大的精神财富。

4 感谢生命中的不幸

人生活在这个世界上，总会遇到这样或那样的烦心事，这些事也总是在不断地折磨着人的心，使人不得安稳。但是，你要知道，正是这些磨难才使我们的生命变得更为坚强，也正是在与这些困境不断抗争的过程中，我们才体会到了生命的厚度，才使生命更显丰富和精彩。所以，从一定意义上说，我们还要感谢生命中的这些不幸与磨难，也正是它们，才使我们的生命变得更为坚强，更为有意义。

我们可以试想：在人生的岔道口，你若选择了一条平坦的大道，你可能会过一种舒适而享乐的生活，这样会使你失去一个历练自己的机会；而若你选择了一条坎坷的小路，你的青春也许会充满痛苦，但人生的真谛也许就会从此被你打开。

蝴蝶的幼虫是在一个洞口极为狭小的茧中度过的。当它的生命要发生质的飞跃的时候，这个狭小的通道对它来讲无疑是如同鬼门关，那娇嫩的身躯必须要竭尽全力才可以破茧而出。许多幼虫在往外冲杀的时候力竭身亡，不幸成为飞翔的祭品。

有的人动了恻隐之心，企图将那幼虫的生命通道修得宽阔一些，他用剪刀将茧的洞口剪大一些。这样一来，所有受到帮助而见到天日的蝴蝶都不是真正的飞行精灵——它们无论如何也飞不起来，只能拖着丧失了飞翔功能的双翅在地上笨拙地慢慢爬行！原来，那“鬼门关”般的狭小茧洞恰恰是帮助蝴蝶幼虫两翼成长的关键所在，穿越的时候，通过用力挤压，血液才能被顺利地输送到蝶翼的组织中去；唯有两翼充血，蝴蝶才能振翅飞翔。人为地将茧沿剪大，蝴蝶的翼翅就没有了充血的机会，爬出来的蝴蝶便永远与飞翔绝缘了。

成长的过程恰似蝴蝶破茧的过程，在痛苦的挣扎中，意志得到磨炼，力量得到加强，心智得到提高，生命在痛苦中得到升华。当你从痛苦中走出来时，就会发现，你已经拥有了飞翔的力量。如果没有挫折，也许就会像那些受到“帮助”的蝴蝶一样，萎缩了双翼，平庸一生。

从前，有一位德高望重的渔夫，有着极为高超的捕鱼技术。渔夫因为自小就善于捕鱼，很早就为自己积累下了一大笔财富。然而，随着年龄的增长，年老的渔夫却一点也不快活，因为他为自己的三个儿子发愁，三个儿子的捕鱼技术都极为平庸。

为此，他就向长年生活在海边的一位智者倾诉心中的苦闷："我实在是弄不明白，我的捕鱼技术如此好，而我的三个儿子却为什么没有一个能成才的？我从他们懂事的时候就开始不停地把自己的捕鱼技术传授给他们，我从最基本的开始教起，总是告诉他们如何织网最结实，最容易捕到鱼，怎样划船才不会惊动水里边的鱼，怎样下网最容易请鱼入翁。等他们长大后，我又传授给他们如何识潮汐、辨鱼汛……凡是我多年来辛辛苦苦积累出来的经验，我都毫无保留地传授给了他们，但是为何他们的捕鱼技术还不如海边那些普通渔民家的孩子们！"

智者听了他的话，便问道："你一直是这样手把手亲自教他们的吗？"

"是呀，为了让他们学会一流的捕鱼技术，我教得很是仔细，很是认真，从来没保留什么！"渔夫回答。

"他们也一直跟随你吗？"智者又问道。

"是的，为了让他们少走弯路，我一直让他们跟着我学习。"渔夫说道。

路人说："这样说来，你的儿子们的捕鱼技术就不会好到哪里去！你只知道传授给他们捕鱼技术，却从来没有传授给他们教训，也不让他们亲自下海多演练，没有历经任何艰险，如何能准确地领悟到你的那些经验呢？"

是啊，渔夫的儿子们从来没有经历过任何磨难，没有遇到过任何挫折，他们如何能获得成长呢？在生活中，只有经历磨难的人，才能更快、更好地成长，生命也只能在不幸与困境中得到升华。在人的一生中，总会遇到灾难、失业、失恋、离婚、破产、疾病等各种各样的厄运，即便你比较幸运，没有遭遇，也可能会遇到来自生活的各种各样的压力和烦心事，当你面临或遭遇它们的时候,就一定要用一颗感恩的心去拥抱它们,正是他们才给了你更多成长和锻炼的机会,让你以更为坚强的心态去面对生活中的一切。

事实就是这样,没有经历过风雨折磨的禾苗永远结不出饱满的果实,没有经历过挫折的雄鹰永远不能高飞,没有经历过磨难的士兵永远当上不元帅……这些就是自然界告诉我们的一个极为简单的真理:一切事物如果要变得更为坚强,就必须要经历一些不幸和困境。

5 挫折是成功的入场券

每个人在前进的道路上不可避免地会遇到各种各样的挫折,如果你不甘平庸,渴望成功,在前进过程中,请牢记住这句话:挫折是人前进的第一站,你应该善待挫折,并微笑去面对挫折,将挫折转化为前进的动力,它是你通往成功的入场券。

一位年轻人告别朋友、亲人,踏上了寻找成功的旅途。他跋山涉水,历尽千辛万苦,身上的衣衫被路上的荆棘划破了,脚板也磨出了水泡。但他依然向着成功的方向迈进。当他穿过一片森林,走到河边的时候,一个叫"挫折"的人挡住了他的去路并笑着说:"如果你想寻找成功,就必须从我这里经过,就必须经历挫折。"

"不行,"青年人说,"我要的是成功,我不需要挫折。"于是,他就绕道而行。他又翻了几座山,蹚过了无数条河,却始终没有找到成功,渐渐地灰心丧气起来。

有一天,他在行路的过程中遇到一位智者,便问道:"你知道成功在哪里吗？”智者沉思了一会儿，说：“就在你先前在河流边遇到的那位叫‘挫折’的人的前方，当时如果你能够穿越它，现在就已经找到了成功！谁知你却绕道而行，现在离通向成功的道路反而是越来越远了！”

人生其实没有什么弯路，每一步都是必须。所谓的失败、挫折并不可怕，它能教会我们如何寻求到经验与教训，是我们通向成功的必要投资。因此，在前进的过程中，如果我们遇到了挫折，千万不要哀怨、痛苦，不要让自己沉浸在悲伤之中，只有正视挫折，接受挫折，以微笑面对挫折，最终方能远离挫折。因为在很多时候，你所经历的挫折对你来说未必是件坏事情。

在美国有这样一个人，他的父亲是一位赌徒，母亲是一个酒鬼。在这样的环境下，他很小就辍学回家，成为街头混混。直到 20 岁的时候，他才猛然醒悟，认为自己不能这样走下去，否则，会成为社会的垃圾，自己也会痛苦，所以，他决心要走一条与父母迥然不同的道路，尽力要活出个人样来。但是，能做什么呢？

经过长时间的思索，他觉得找份工作是不太可能了，因为自己缺乏经验，没有技术；经商，又没有本钱……他想到了当演员——当演员不需要过去的清名，不需要文凭，更不需要本钱，而一旦成功，却可以过不一样的人生。但是他显然不太具备做演员的条件，没有“天赋”，没有接受过任何的专业培训。然而，他想这也许是自己今天唯一出人头地的机会，他对自己说：决不放弃！

于是，他就独身一人来到好莱坞，找明星，找导演，找制片……找一切可能使他成为演员的人。但是，最终却被拒绝了。但他并没有因此而伤心难过，他认为，以自己的条件被拒绝也是极为正常的，就将每一次的失败当成是一次学习的机会吧！

随后，他又重新去找人……但是，很不幸，一晃两年过去了，身上的钱也花光了，只好在好莱坞做些粗重的零活，这两年来他遭到多次拒绝。随后，他又想出了一个“迂回前进”的思路：先写剧本，待剧本被导演看中后，再要求当演员。但当时的他已经不是一个门外汉了，两年多的耳濡目染，每一次被拒绝后，都有专门的人对他口传心授一些做演员的心得，一次次的学习，一次次的进步，让他具备了写电影剧本的基础知识。

一年后，剧本写出来了，他又拿去拜访各位导演。但是，他又一次被拒绝了，他依然微笑着面对眼前的境况。最终他的精神终于被一位导演感动，就答应给他一次机会。为了这一刻，他已经做了三年多的准备，终于可以一试身手。机会来之不易，他自然竭尽全力，全身心地投入其中。最终获得了巨大的成功，他的演出创下了全美国最高的收视纪录！

这个人就是世界顶尖的电影巨星——史泰龙。

在无数次的挫折面前史泰龙都能够以坦然的心态面对，不悲伤，不哀怨，并将所有的悲伤和哀怨都化为了前进的动力，最终才取得了巨大的成功。所以，我们要想成功，也要时刻能以一颗坦然的心态去面对挫折，将之看成通向成功的入场券。挫折来到时，不要悲观消沉，而应直面挫折，笑对挫折，把它们转化成我们行动的动力！聪明的人经历过挫折，会使自己变得强大，明白了这个道理，挫折与成功一样对你都无比重要。

若将人生比喻成一座大山，挫折就是人在攀登大山中难以把握、难以预期的崎岖山径。只有经得起考验，受到了挫折的磨砺，甩得脱挫折的梦魇，勇于征服攀登中的所有困难，才能取得最后的成功。所以，我们不要将它看成我们人生路上的绊脚石，而是将之看作是点燃我们内心信念的火种，只有这样才能最终取得成功。

6 错过也是一种美丽

在我们的生命中，有很多珍贵的东西，但我们却总因为这样或那样的原因没有及时地把握住，最终只能眼睁睁地看着它远去，我们会为此哀伤、难过，认为自己可能永远失去了。其实，大可不必如此，在很多时候，错过也是人生的一种美丽。

一个青年男子在熙熙攘攘的人群中看到了一个身材婀娜的女子，尽管与对方相隔甚远，但女子的倩影依然能令他怦然心动。于是，他便拼了命地挤到这个背影的身边，希望一睹对方的芳容，并渴望自己有机会与对方搭讪。

但是，当他走近看到这个女子的真实容颜时，却让他大失所望。脸上长满了青春痘，而且眼睛也不像他想象的那么明亮、有神……这与自己所设想的“正面”简直就是天壤之别！他逃似的离开了，原本准备好的搭讪的话也咽到了肚子里。

后来，这个青年为自己的行为懊悔不已，自己的好奇心破坏了心中的那幅“美景”。

如果青年能够抑制住自己的好奇心，珍存眼前的“背影”，不急于去看清对方的真实面目，可能就不会受到如此的“打击”了。与其这样，还不如错过，错过还可以在自己心中保留一份完美的想象，而抓住了，反而让自己得到了满腹的失望。

这就是人生，当你对眼前自认为美好的事物想象着它的真实面目时，一旦你看到它完全相反的本真时，自己的心灵就受到了重重的打击。所以说，错过有错过的美丽，错过并不意味着失去，而是意味着你可以保留对它的完美想象，而不是见到本真的失望。

肖枫是一个事业有成的男人，而英是一个普通平常的“上班族”。

一天，突然下起了瓢泼大雨，英忘了带伞。她只好无奈地站在公交站牌下等车。雨下个不停，英的公交车还没有来。眼看这车站上的人一个又一个上车离去，英顿时很懊恼自己今天竟是如此的粗心。

肖枫开着自己的车子在雨中行驶，他开得不是很快，他喜欢下雨，喜欢看雨中的一切，忽然一个靓丽的身影映入眼帘。在公交车站站着一个女孩，个子虽不高但长得很有气质，雨水淋湿了她额前的秀发，肖枫看着看着竟不由自主地放慢了车速，最后停在车站的路边。

一辆又一辆公交车来了又走，女孩依然在车站等待，也许是她的车还没来吧。肖枫这样想。其实眼前的英很让肖枫动心，雨中的她显得很纯净自然，就像一朵刚刚盛开的白玉兰，纯净得让人忍不住多看几眼。

肖枫就这么看着，他不知道自己能不能邀她上车，然后送她回家，因为他们素不相识，即使他邀请了她，她也未必会答应。肖枫在心里猜测着。

雨就这么下着，肖枫就这么看着，英就这么等着。

终于，英的车来了，她上车走了。肖枫看着她上了公交车，看着她在公交车里行走，他忽然觉得自己很失落。是因为她吗？他们并不相识，可是为什么自己不开车呢？难道自己真的喜欢上了一个素昧平生的女孩？肖枫摇了摇头，发动了车子。

就这样，肖枫和英继续着自己的生活，英并不知道那天有一个人在注视着她，并不知道当时的她在别人的心海里激起了层层涟漪。

肖枫曾后悔自己没有走出车子，假如当初他走出了车子，也许他现在就知道她是谁了。可这都是假如。肖枫独自笑了笑，其实错过了也好，虽然错过了，但在彼此的心里留下了美好的回忆，这也是一件美事，何况自己真的邀请她上车，她也未必会同意。与其遭到拒绝，不如就这样错过，错过并不代表失去，更何况自己并没有得到她，哪来的失去呢？

人的一生总要错过很多，错过之后总会有人在遗憾、后悔，殊不知错过有错过的美丽。也许正是你的错过，才成就了如今的完美。

生活中总有太多的错过，几多忧愁，几多相思。在我们停留在错过的遗憾与不经意间，许多更美好的事物和回忆与我们擦肩而过。也许那些在不经意间错过的才是最美好的，如果我们只会停留在眼前错过的伤感中，那么我们会错过更多。

人们总喜欢把错过和失去当成是人世间最遗憾的事情，为什么不把错过看做人生最美的邂逅呢？凭着自己对未来的憧憬，告诫自己努力前行，在每一个相思的日子里，在每一个翘首以待的时刻，幸福地过着今生的分分秒秒，这样的错过也是人生一道美丽的风景。也就是说，这一次的错过也许是下次邂逅的开始，错过并不意味着失去，而是意味着更完美的开始。

7 缺憾是生命的动力

在生活中，你是否会因为自己比别人矮而自卑？你是否为自己缺乏健美的身材而气愤不已？你还在因为自己某方面的缺憾而自怨自怜吗？……如果是的话，马上改变你的想法。因为每个人都是不尽完美的，有缺陷没什么可怕的，可怕的是我们消极的观念。只有乐观地面对，才能将缺憾变成我们奋斗的动力，才能收获快乐的阳光。

小富兰克林·罗斯福天生口吃，说话断断续续而且含糊不清，而且天生容易紧张，每当有人与他说话，他的脸上总是表现出极为惊恐的表情，而且全身不时地会发抖。

如他一样年龄的小朋友如果遇到这种情形，定会拒绝各种活动，可能也会离群索居，不会与别人交往，只会顾影自怜，唉声叹气。然而，小罗斯福却并没有这样做，虽然天生容易紧张，但是他能够积极地面对人群，即便是同伴们嘲笑他，他也会不以为然。每次在紧张时，他会坚定地对自己说："只要我用力地咬紧牙关，努力不颤动，不久我就能克服紧张的情绪了！"

小小年纪的罗斯福，每天总能够坚定地告诉自己说："这些缺陷算不了什么，咬咬牙努力克服，就能收获生命的精彩！"每当看到其他的小朋友活力十足地参与各种公共活动时，他都要强迫自己参加，无论自己的口吃会招致多少人的反感！当恐惧产生时，他都会对自己说："我一定能行！"渐渐地，他克服了自己的这些生理缺陷，并且凭着他对自己的这种奋斗精神与自信，最终成为美国第 32 任总统。

对此，他说："交朋友是一件极为快乐的事情，只要我用快乐的态度与人交往，即便本身的外在形貌再差，人们也仍然会愿意与我交往的。因为每个人都喜欢快乐，不是吗？"

面对生理上的缺陷，罗斯福并没有陷入悲伤之中，而是将之转化为生命前进的动力，最终收获了成功和快乐的阳光。所以，我们不要因为身上的缺陷而自暴自弃、悲观厌世，因为除了你自己，没有人会刻意注意你的缺陷，只要让心中充满自信，一样能够获得精神上的自由与快乐。

如果面对这些先天的缺陷，你还认为自己很不幸，那就再想想海伦·凯勒的人生经历吧！又有谁能比一个又聋又哑又瞎的女孩更为不幸呢？在不幸面前，她没有气妥，更没有悲观，而是利用自己有限的资源，最终成为美国著名的作家。如果你觉得那些名人还不够使自己得到安慰，那么就看看下面这个平凡的故事吧！

有一位盲人夫妇，他们都是在两三岁时候，因为患天花而致盲的。小时候，他们俩都因为不能像正常人一样看到五彩缤纷的世界而自卑，他们虽然有眼睛，却看不到这个美丽的世界带给他们的快乐，这是多么令人遗憾的事情啊！但是，他们却没有因此而郁郁寡欢，消极地面对人生。从小就喜欢唱歌的他们，经常用歌喉来歌颂美好的生活。当他们到10岁左右的时候，就开始学习乐器，参加了一个工厂的宣传队演出。在当地，他们的演唱十分有名气，后来他们就走到了一起，而他们还是在用歌声来讴歌美好的生活，歌颂身边的好人好事，还经常在电台中向人们展示他们美妙的歌声。两个盲人都精通各种乐器，他们一人弹奏乐器，一人一边演唱，并积极参加各种比赛，还得过各种奖。他们将这种生理上的缺憾变成了前进的动力，他们的生命也散发出熠熠的光辉……

其实，面对缺憾，我们能做的，就是坦然接受。即使我们暴躁地摔东西，那也是于事无补，伤痕并不能自动愈合。但是，你生活却并不会因为这些遗憾的存在而消失，只要你愿意，你随时可以发现，它们就在身边。别人怎么看自己不重要，重要的是自己敢于接受曾经的痛苦，这样你才能重新找到快乐，甚至扭转别人对你的看法。

如果你真的难于走出困境，那么你不妨求助于朋友或心理医师。失意的时候，人最需要就是开导。朋友、家人温馨的话，会让你平复心海浊浪，淡化你失意的烦恼。不过，别人的开导只是辅助的，真正达到心平气和还需要我们进行自我调整。最重要的，还是坦诚面对伤痕，敢于接受曾经的伤痛，这样，生活的阳光才能照进心田。

8 感激折磨你的人

一个人在生活中难免会受人折磨：上司的百般刁难、同事的冷嘲热讽、朋友的风言风语……一些人却对这些折磨心存抱怨，最终自怨自艾，悲观消极地去应付；而一些人却能够淡定地看待这些折磨，并时刻对折磨自己的人心存感激，最终走向成功。不同的心态造就了不同的结果，我们要成为什么样的人，也完全取决于我们对这些折磨我们的人的态度。

成功学大师卡耐基说："一个人在饱受折磨的背后隐藏着未来的成功，折磨也是人生所需要的，它和成功一样有价值。"一位哲人也说过，任何的学习，都比不上一个人在受到屈辱和折磨时学得迅速、深刻和持久，因为它能使人更深入地了解社会，接受社会现实，使个人得到提升与锻炼，从而为自己铺就一条成功之路。如此说来，当我们在生活中遭受到批评、抱怨时，不但不要消极抱怨，以牙还牙，相反我们还要感激那些折磨过我们的人。正是因为他们的存在，才使得我们的生命充满了机遇和挑战，充满了转折和收获。如果你能够以感激的心态去对待那些折磨过你的人，那么，你就不再是一个悲观消极、面对苦难掩面而泣的人，而将成长为一个无往不胜的勇士。

美国独立企业联盟主席杰克·法里斯，他从 13 岁开始就在一家私人加油站工作。法里斯刚开始想学修车，但是店老板只让他在前台接待顾客，打打杂。

老板是个极为苛刻的人，每次都不让小法里斯闲着。每当有汽车开进来时，都会让他去检查汽车的油量、蓄电池、传动带和水箱等。随后，老板又会让他去帮助顾客擦车身、挡风玻璃上的污渍。有一段时间，每周都有一位老太太开着她的车来清洗和打蜡。这个车的车内踏板凹得很深很难打扫，而且这位老太太极难说话。每次当法里斯给她把车清洗好后，她都要再仔细检查一遍，让法里斯重新打扫，直到清除掉车上的每一缕棉绒和灰尘，她才会满意。

终于有一次，小法里斯忍无可忍，不愿意再侍候她了。店老板却在一旁厉声斥责他说："你不愿干就赶快滚，这个月领不到任何报酬，你自己看着办吧！"小法里斯心中很是痛苦，回家后就将事情告诉了父亲，父亲却笑着告诉他："好孩子，你要记住，这是你的工作责任，不管顾客与老板说什么，你都要尽力做好你的工作，这会成为你的一笔人生财富。"

在以后的日子中，小法里斯谨记父亲的话，不管老板与顾客再刁难他，他都会以微笑视之，并努力将事情做好。几年后，法里斯就凭借自己的各种基本洗车技术以及其在顾客中的良好表现获得老板赏识，最终开起了自己的店面，并最终取得了成功。

其实，法里斯的成功与他懂得感激那些折磨自己的人有着极大的关系。"吃一堑，长一智"，那些让你吃一堑的人正是给你一智的客观条件。你为什么不对其心存感激呢？学会感谢折磨你的人，就注定了你与成功结缘。

在生活中，你是否有这样的感受：你有一个很差劲的上司，你往往会因为他的一句批评或对你的错怪误解，就让你萌生了要取得成功的念头；你的父母可能因为不够关心你而与你之间产生了隔阂，你会因为他们的一句批评从而萌生了要出去做一番事业的念头。从心理学上来说，当你受到打击超过了你心灵所能承受的限度的时候，就可以爆发出一种力量，这股力量会驱使你要向他们证明，你能够成功，你可以做出个样子给他们看。所以说，这个世界上比经受折磨还痛苦的事情就是从来没有被人折磨过。

生活中，每个人几乎每天都会受到折磨，而每一次折磨都代表你又要进步了，所以，我们要对那些折磨我们的人心存感激，因为他们让你能够时刻检讨自己，哪些地方做得不好，哪些地方需要改进，让自己变得更坚强、更优秀。如果说，对你好的人是在“帮助你成功”，那么，折磨你的人则是在“逼迫你成功”。为此，我们从现在起，就应该时刻对折磨你的人心存感激，它让你能够得到更为迅捷的发展速度，只有这样，我们才能在折磨中体会到一种幸运和满足，才能使纷繁芜杂的世界变得更为鲜活、温馨和动人。

9 没有压力就没有动力

上天在给我们创造众多机会的同时，也给我们带来了更多的压力。在现代社会中，我们感到压力是无处不在的，它令我们焦虑、痛苦，但是同时它也是激发人斗志与内在激情的重要因素。如果在生活中，我们能改变心态，将压力很好地转化为激发自己激情的内在动力的话，那么焦虑和痛苦也就不存在了。

在非洲中部较为干旱的大草原上，生活着一种短翅膀、短脖子的巨蜂。这种蜂体形肥胖臃肿，但是它却能够在非洲的大草原上连续飞行约250公里，而且，飞行高度也是一般蜂类所不能及的。它们极为聪明，平时就藏在草丛中或者岩石的缝隙中，一旦有了食物后就会立即振翅飞起来。尤其是当发现它们生活的地区将面临极度干旱的时候，它们就会成群结队地迅速逃离，向一些水草丰富的地方飞行。

科学家们将这种飞行本能极为强健的蜂称为“非洲蜂”，并对其充满了好奇。因为根据生物学家们的理论，这种体形肥胖臃肿而且翅膀短小的蜂的飞行本能应该是最差的，甚至连鸡、鸭都不如；用流体力学来分析的话，它们的身体与翅膀的比例根本不能够起飞，即便将它们扔到天空中去，它们的翅膀也不可能产生承载肥胖身体的浮力，然后就立即掉下来死掉。

但是，事实却证明，这种“非洲蜂”不仅能飞，而且还是蜂类动物中飞行能力最为强健、飞得最远的物种之一。最终，哲学家对此给出了合理的解释：非洲蜂虽然天资低劣，但它们只有学会极为强健的飞行本领，才能够在气候极为恶劣的非洲大草原中生活下去。简单地说，非洲蜂如若不能飞行，它们面临的处境只有死路一条。

非洲蜂的故事告诉了我们什么叫做“置之死地而后生”。非洲蜂的飞行本领更让我们相信，在一个执著顽强的生命中，只有压力才能产生超强的能力。

科学家说，人在巨大的压力下，身体中会分泌出大量的肾上腺素，可以激发人无尽的潜能，可以促使人跑得更快、跳得更高，力量也会更强，从而做出惊人的壮举。当人处于顺境或宽松的情况下，是不可能突然爆发出这种惊人的潜能与做出惊人的成就的。所以，我们平时的很多成绩都是压力作用下产生的结果。

在工作中，在时间紧迫的情况下，面对着大堆的工作任务，我们常会为此焦虑、担忧。但是，如果你能够转变观念，合理地规划时间，这种压力也是可以转化为工作的积极性的。

李萍在一家著名杂志社工作，两年多来，工作还算是舒心，但是最让人心焦的就是每周的写作任务，必须要在一周内交出一定数量的稿子来，这确实给她带来了巨大的精神压力。但是，后来她发现，这种压力竟然成为自己工作的动力。

在很多情况下，她自己觉得：在规定的时间内创造的效率比在自由散漫的情况下创造的效率要高得多。比如说，她本打算要用3天时间去完成一篇文章，在这期间，她可能会去查资料、搞写作，很是繁忙，但是最终写出来的也不一定能获得主编的认可。如果领导规定她必须要在1天时间内保质保量将文章交上去，否则将会被解雇的话，压力尽管是巨大的，但她也能够写出一篇精品论文来，也无须去找资料，在极短的时间内反而能够激发出她的灵感来。

很多时候，在“绝境”之中，效率反而要比以前要提高很多。领导对她的要求高了，她的写作水平也自然提高了许多，先前的压力也自然就不存在了。

时间的紧迫原本给李萍带来了巨大的精神压力，但是，这种压力在她内心引起了波动，能够调集她脑海中所有的思想甚至潜意识的力量去完成工作任务，在这样的情况下，她的写作能力当然是要提高的了，这在心理学中被称之为“最后通牒效应”。

其实，人都是有潜能的，只是在平常的情况下发挥不出来而已，如果你能利用工作中的时间压力将自己的潜能激发出来，那么，压力则就会成为你工作中的动力。所以，当我们在生活或工作中，因为压力而产生焦虑或痛苦的情绪时，一定要及时地更新观念，不要将压力仅仅看成是我们的仇人，将之看成是激发我们个人潜能的“恩人”，那么，压力就会迅速转化为你挑战自我的动力，最终让你以更为积极的心态去应对工作，最终做出惊人的壮举。

要知道，一个真正勇敢的人，是会将压力看成是练就自身意志的机会的，生活给我们的压力越大，就越能够激发出自身的潜能，练就自己的意志、品格、力量与决心，最终成为一个更为卓越的人。

10 低下头，就能看见美丽

著名绘画家几米在其作品中有这样的一段话："掉落深井，我开始大声地疾呼，等待救援……天黑了，我黯然低头，才猛然发现水里面满是闪烁的星光。我终于在最深的绝望中看到了最美丽的惊喜。"诗意盎然的语言道出了耐人寻味的哲理，给我们以启迪。

在人生道路上没有风平浪静、一帆风顺。当我们处于绝望或困境之中时，就要学会低下头看一看，就能发现别样的美丽，这时你就会发现生活中处处充满了美好，让你冷却的心灵重新充满希望、充满快乐的阳光。

一个青年人在建筑工地上工作，受尽了苦头。夏天暴晒在烈日下，汗流浃背；冬天在大雪纷飞中忍受严寒。但是，为了生活他不得不继续忍受下去。

有一天，他又拖着疲惫的身子回到家中，看到爱人一如既往地在厨房中忙乎着，为他做饭、烧水；孩子在屋中快乐地嬉戏，一见到他回家，便都兴奋地扑了上去……这时候，他发觉自己简陋的小屋中竟然充满了别样的温馨。他慢慢地走进厨房，用一种充满爱意的感动将妻子抱起来，转上一圈。妻子的体重并不比50公斤重的石头轻多少，但是，他的内心却洋溢着幸福的味道。

就这样一个小小的动作，将他一天的疲惫赶走，再也感觉不到任何劳累了。

生活中处处都充满了美，只要你低下头去，就能发现别样的美丽。这些美丽则可以减轻你内心的种种沉重。当你事业陷入低潮之时，心中没有了指点江山的豪情壮志，只要你低下头，就可以看到亲情的温暖。当这份温暖支持你走出困境之时，低下头，你又能看到自己又收获到了乐观的性格与坚毅的品格。有谁能说，这不是一份别样的美丽？

当自己的学业出现困境时，心中不必惊慌，也不必失措，只要低下头，就可以看到师长的耐心指导、朋友的殷切鼓励。有一天当自己取得进步时，你又可以收获一份努力后的丰收喜悦。又有谁能说，这不是一份永恒的喜悦？

俗话说："低头的都是满满的稻穗，昂头的却都是无果的稗子。"越是成熟、饱满的稻穗，头就垂得越低。只有那些内心空空如也的稗子，才会显得过于招摇，始终会把头抬得老高。在生活中，有的人稍遇到麻烦就开始发火，其实，在这个世界上不止你一个人存在肝火，有的人之所以不发作，是因为它的智慧足以熄灭内心的怒火。而只有那些无知浅薄的人，才认为自己最有权利可以无缘无故地向别人大发脾气。所以，当我们心中充满怒气的时候，就多想想那些饱满的稻穗吧，多低下头来反省一下自己的内心吧，当你发现自己也有所不足的时候，就能收获别样的美丽人生。

老子说，当口中坚硬的牙齿脱落时，柔软的舌头还依然在。柔弱胜于坚硬，无为胜过有为。当我们学会在适当的时候，保持适当的低姿态，绝不是懦弱与畏缩，而是一种聪明的处世之道，是人生的一种大智慧、大境界。

范蠡出身于贫寒之家，虽然家境不好，但是却胸藏韬略，聪明异常。年轻的时候，就显露出其非凡的才华。他学富五车，上晓天文、下识地理，无所不通。

在周景王二十六年时，吴国与越国发生了战争，吴国攻打越国，吴王勾践大败，最终仅带领 5000 兵卒逃入会稽山。范蠡与越王勾践在穷途末路之时投奔越国，忍辱负重，以将来有一天能乘机攻打越国。他陪同勾践夫妇在吴国为奴三年后，终于迎来了攻打吴国的时机。

范蠡巧设"美人计"，谱写了一曲西施深明大义献身吴王，里应外合兴越灭吴的千古传奇篇章。范蠡跟随勾践二十余年，苦身戮力，兴越灭吴，最终成就了越王的霸业，被尊为上将军。但是，他却在那“吴王亡身余杭山，越王摆宴姑苏台”的举国欢庆之时，选择了激流勇退，带上西施隐姓埋名，泛舟五湖，悄然地退出了政治舞台，过上了逍遥快乐的日子。

“水往低处流”，说明“水”是智慧的。“人往高处走”也是在汲饱了智慧之“水”的人才能达到的一种境界。范蠡能够在成就一番伟业后，低下头来潇洒隐退，说明了他是智慧的，他的人生也是洒脱的。

如果将我们的人生比作一次爬山运动的话，无论你处于何种位置都要记住：在浩瀚的大山中，你只是一个小小的分子，无论身处何境，都要学会低下头来，保持低姿态，这样才能发现山下的美丽风景。即便“会当凌绝顶”，也要记住低头，因为在漫漫的长旅跋涉中，总难免会有碰头的时候。

掉进深井中，低下头来就可以看到星光的美丽。在人生的道路上，在困境面前，只要我们能够换个角度，用全新的视线捕捉生活中的美丽，也将会有一份美丽的星光照亮你的内心，照亮你前行的道路。

11 用微笑来掩埋痛苦

英国著名女作家奥斯汀曾说过：“微笑是生命的常态。”也就是说，如果你对生活微笑，那么快乐也便成为你生活的永恒格调，你的生命便会充满幸福，你也便会感到生活的无限美好。

生命的艺术在于去取悦别人，去领略赏心悦目的风景，生命的意义与目的在于快乐。人类存在的根本目标就是无限地追求快乐和避免痛苦。

在第二次世界大战期间，一位名叫伊丽莎白·唐莉的女士，在庆祝盟军在北非获胜的那一天，收到了一封从战争前线发来的一份电报——她的独生子牺牲在了战场上。

儿子是她唯一的亲人，也是她一生的最爱，那是她的命！她无论如何也接受不了这样的事实，精神极度处于崩溃的边缘。她开始心灰意冷，痛不欲生，决定放弃工作，远离家乡，想找一个无人的地方了却余生。

当她在临行前清理行装的时候，忽然发现了一封还未拆启的信件，那是她儿子在刚刚到达前线后写给她的信。她激动地拆开信，看到这样的话："请妈妈放心，我永远不会忘记你对我的教导。不论我在哪里，也不论遇到怎样的灾难，我们都要勇敢地面对眼前的生活，像真正的男子汉那样，用微笑去承担一切的不幸与痛苦。我将会永远以你为榜样，心中永远地保留着你的微笑。"

她读完信后，顿时热泪盈眶，就将这封信读了一遍又一遍，似乎发现儿子就在自己的身边，并用那双炽热的眼睛望着她，并关切地问道："亲爱的妈妈，你为何不按照你所教导我的那样去做呢？"

此时，伊丽莎白·唐莉就打消了背井离乡的念头，一再对自己这样说："告别痛苦的手只能由自己来挥动，我应该像儿子所说的那样，用微笑来埋葬痛苦，继续快乐地生活下去！我虽然没有起死回生的能力，但是我却有能力选择继续生活下去！"

后来，伊莉沙白·唐莉就打起精神，开始写作，最终成为一个颇有影响的作家。

是的，人不能陷在痛苦的泥潭里不能自拔。遇到可能改变的现实，我们要向最好处去努力，才能无悔于以后的生命；遇到不可能改变的事实，不管有多么的痛苦不堪，也要勇敢地去面对，用微笑将痛苦埋葬，才能看到希望的阳光。在很多时候，生比死需要更大的勇气与魄力。

贝蒂不同于正常人，因为她一个人单独生活在美国一座山丘上的一间特殊的房子里。这座房子是完全用自然物质搭建而在的，里面不含任何的有毒物质，里面的空气都是人工灌注氧气，贝蒂生活在其中，只能靠传真与外界进行联络。为何贝蒂会这样生活呢？

在20年前的一天，贝蒂在拿起家中的杀虫剂灭蚜虫的时候，突然感到全身一阵痉挛。她原以为那只是暂时的症状，却不曾料到杀虫剂内的化学物质破坏了她全身的免疫系统。从此，她就对一切有气味的东西比如香水、洗发水等过敏，连空气也可能会导致她患上支气管炎。这种多重化学物质过敏症，是一种慢性病，目前国际上是无药可医的。

在患病的前几年中，贝蒂睡觉时时常流口水，尿液也渐渐地变成了绿色，身上的汗水与其他排泄物还会不断地刺激她的背部，最终形成疤痕。在那段时光，贝蒂所承受的痛苦是常人所难以想象的。但是，为了继续生存下去，她的丈夫以钢与玻璃为材料，为她盖了一个无毒的空间，一个足以逃避所有外界有味物质威胁的“世外桃源”。贝蒂日常所有吃的、喝的要经过仔细地选择与处理，她平时只能喝蒸馏水，并且吃的食物中也不能含有任何的化学成分。

在那个“世外桃源”中生活了8年，她再没有见过一棵花草，从没听到过悠扬的声音，更感觉不到阳光、流水。她只能躲在无任何饰物的小屋里，饱受孤独之苦。她还不能放声地大哭，因为她的眼泪也和她的汗水一样，随时都有可能成为威胁到她的毒素。

“不能痛哭，那就选择微笑吧！”坚强的贝蒂这样对自己说。事已至此，自暴自弃和痛苦只能毁灭自己，生活在这个寂静的无毒世界里，贝蒂却感到很充实。因为她不仅要与自己的精神抗争，还要与外界的一切有气味的

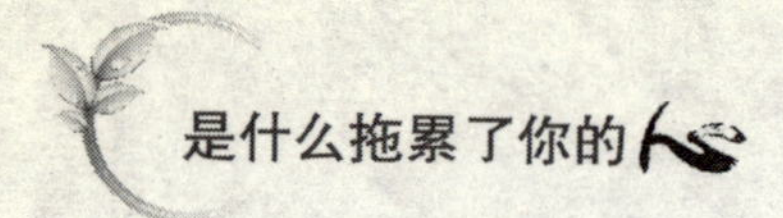

物质相抗争。因为她不能流泪,她就选择了微笑。

10年后,贝蒂在孤独中创立了“环境接触研究网”,主要致力于化学物质过敏症病变的研究。随后,她又与另一个组织合作,另创“化学伤害资讯网”,主要是倡导人们避免威胁。目前,这一家资讯网已经有5000多名来自30多个国家的会员,不仅每月都发行刊物,而且还得到美国国会、欧盟及联合国的大力支持。

不能流泪就选择微笑,看似是贝蒂无奈的表白,实则是她在历经磨难后的坦然。人生不可能一帆风顺,不要过于去抱怨生活对自己的苛刻,而要努力调整好自己的心态,用积极的心态去对待人生。在困苦的逆境中把握前进的方向,不屈奋斗,用微笑来迎接苦难的挑战,你自然就会迎来人生的另一片天地。

12 常常惜福,时时感恩

在生活的某个阶段,我们的心会被各种各样的坏情绪所包围着,我们经常会抱怨孩子不听话,抱怨父母的不理解,抱怨男友或老公的不体贴;领导埋怨下级工作不得力,下级埋怨上级不够理解,不能发挥自己的才能……我们的心会莫名其妙地被各种各样的坏情绪所包围,周围的一切让自己觉得不堪忍受,这主要是因为此时的自己只是在意自己没有得到什么好处,却不曾想别人为自己付出了多少。如果一个人不能体会到自己所拥有的,心中只能够容得下私利,那么尽管他自己拥有再多,也一定感受不到幸福和快乐。

传说中有一个人,生前极度热心助人和善良,所以在他死后,就升上天堂成为了天使。当他成为天使以后，仍然会时常到凡间去帮助人，希望能够感受到幸福和快乐的味道。

有一天，天使遇到一个在田中耕田的农夫，农夫在田中耕地很是辛劳，当他举头看到天使，便对他说："我家的那头水牛刚刚死去了，没有了它，我不知道以后该如何下田作业？"于是天使就赐给他一头健壮的水牛，农夫极为高兴，天使最终也在他身上感受到了幸福和快乐。

又过了一天，天使又遇见了一位青年男子，男子的表情也十分沮丧，便向天使说："我的钱在做生意的过程中，被人骗光了，现在根本没法回乡了。"于是，天使就给他了一些银两做路费，男子十分高兴，天使也同样地在他身上感受到了快乐。

随后，天使又遇到了一位年轻的诗人，诗人英俊、潇洒，而且还有一位温柔的妻子，两个可爱的儿子，但是他每天却愁眉不展，过得十分不快乐。

天使就问他："你看起来十分不快乐，我能够帮助你吗？"

诗人对天使说道："我什么都有，但是只欠一样东西，你能够满足我的愿望吗？"

天使回答说："可以，你缺少什么呢？"

诗人内心充满希望地看着天使说："我缺少的是快乐！我的儿子太调皮很不听话，天天把我闹得心神不宁；我的妻子尽管温柔，但是她长得丑陋，而且我们没有共同的话题，每天也说不上几句话；我的邻居们天天更是烦人，有事没事就来家里拜访，打扰到了我的生活……我讨厌我周围人的任何举动，所以我感到不快乐！"

这下子可把天使难倒了，天使想了想，说："我明白了。"然后天使就将诗人周围所有人的性命都拿走了，只剩诗人孤零零一个人生活在人间。

一个月后，诗人慢慢地感觉到了凄凉，没有了儿子的欢闹、妻子对他的体贴、邻居时常对他的鼓励……他觉得自己活在世界上已经没有任何意义了。正准备要死去的时候，天使又出现了，将他的儿子、妻子和邻居又还给了他。然后，就离去了。

半个月后，天使再去看望诗人，这次，诗人抱着儿子，搂着妻子，不停地向天使道谢，因为他现在得到真正的快乐了。

其实，我们每个人都是生活在快乐的幸福之中的，我们之所以会产生这样那样的抱怨，是因为我们内心被太多的私利所占有，不懂得惜福，更不懂得去感恩。如果你能敞开心扉，用心去体会周边的世界，周围人对我们的付出，你就会很容易地发现，需要我们来感恩的事情实在是太多了。如果没有阳光雨露，就没有明亮温馨的日子；没有水源，就不会有生命；没有春夏秋冬的轮回，我们就体会不到生命的生生不息；没有父母，也就不会有我们；没有亲情与爱情，世界就会充满孤寂和凄凉。这些东西都给予了我们无尽的福祉，我们要时时用心去体会自己所拥有的这一切，并常常去感恩。

感恩是一剂能让人心情转好的良药，在很多时候，感恩的心能给人带来一种良好的人生感觉，能使我们感到愉悦和温暖。心存感恩，生活中才会少些怒气和烦恼，心存感恩，心灵才会感到宁静与安详。心存感恩，你才会敬畏地球上所有的生命，珍爱大自然的一切惠赐，才会时时感受生活中多的是“拥有”，而非“缺少”。

惜福也是心灵的调味品，它能够让我们珍惜自己当下所拥有的一切，让我们少去攀比，不会放纵自己的欲望，学会知足常乐，让心灵时刻保持淡定和从容。懂得惜福的人知道幸福是来之不易的，又是十分短暂的，所以他们会格外珍惜幸福。有福固然很重要，但如果不懂得爱惜，最后只能是竹篮打水一场空。因此，我们要懂得去惜福，这样才能以包容的心态去面对周围的人与事，才能真切地感受到生活中的幸福和快乐，才能活得更加洒脱与轻松。

第七章 人之所以不幸福，是因为不懂忘记

——淡忘曾经，人生看得几清明

在生活中，我们时常强调『记住』的好处，却忽略了『忘记』的功能与必要性。『忘记』是上天赐予我们洗涤心灵的特殊礼物！对于生活中的种种不快、扰乱我们内心的烦恼，我们都可以选择『忘记』。

『忘记』了过去，就意味着为自己拆掉了一颗扰乱平静心灵的『定时炸弹』，『忘记』可以让我们避开痛楚，让我们享受到未来的快乐阳光，让我们获得心灵的解脱，让我们自由抒写更为洒脱的人生！

1 学会忘记，体验轻松人生

人生不如意常十之八九，要想让自己获得快乐，就必须要给自己减压，而减压的好方法就是要学会忘记。

一个小和尚与老和尚一起外出去化缘，小和尚毕恭毕敬，什么事情都听老和尚的吩咐。

他们走到河边，一个女子要过河，但是河水太急，女子战战兢兢，始终不敢下脚。见状，老和尚就背起女子过了河，女子道谢后便离开了，小和尚心中一直想着，师父怎么可以背着一个女子过河呢？但是他又不敢问，但是心中却一直想着这个事情。

他们一同走了 20 里路，小和尚实在憋不住了，就问师父道：“我们是出家人，你怎么能背着那个女子过河呢？”老和尚听罢，却淡淡地说：“我把她背过河就忘记了，可你却背着她 20 里还没放下！”

老和尚的话充满哲理，仔细一想，也反映出了一个极为深刻的道理。人的一生像是一次长途的旅行，不停地行走，沿途要经历各种各样的坎坷，看到各种各样的风景，历经许许多多的痛苦和磨难，如果我们将这所有的过去都牢记在心上，就无疑会给自己增加各种额外的负担。你的阅历越丰富，心灵的压力就会越大，还不如一边走，一边忘记，永远保持轻装上阵。过去的已经过去了，时光不可能倒流，除了从一些事件中吸取经验与教训外，大可不必对其他耿耿于怀。

乐于忘怀是平衡心理的法则，需要我们坦然真诚地面对生活。在生活中，有些人能够及时忘记自己在失意时的尴尬与窘迫，却总对顺境时的得意津津乐道。殊不知，你所津津乐道的成功与失败一样都已经成为永远的过去，如果总是沉湎于过去的辉煌之中不能释怀，逢人就说："我年轻时会如何如何……"拿明日黄花当作眼前的美景，让过眼烟云常留心头，时不时沾沾自喜，陷自己于虚妄之中，最终只会使自己不思进取，止足不前。再者，如果让自己沉浸于过去的痛苦之中，反复咀嚼过去的痛苦，那也只会使自己错失眼前的幸福与快乐，是更不足为取的。

泰戈尔说："如果你为错过太阳而哭泣，你也将错过繁星。"如果你总拿过去的伤痛来折磨自己，只会让心灵之船不堪重负，会让这些痛苦不停地向前延伸，直至牵制到你的未来。拿过去的痛苦来惩罚自己，又何必呢？学会及时忘记过去的伤痛，才是快乐轻松的人。

忘记是抚慰心灵的一味良药，但是忘记也是需要选择的，及时忘记那些让我们不堪重负的伤痛，并及时记住那些生命中的感动和快乐，才能使我们收获到更多的快乐和幸福。

有这样一首白话诗："春有百花秋有月，夏有凉风冬有雪。若无闲事挂心头，便是人间好时节。"诗告诉我们，要记住该记住的，忘记该忘让的，洒脱地生活，心无挂碍，最终才能感受到生活的美好与惬意。

岁月流逝，记忆消退，没有什么不能遗忘的，要避开一切痛楚，享受快乐时光，我们必须学会遗忘，这样才能让自己获得心灵的解脱，才能让自己生活得更为惬意和洒脱。

② 遗忘过去才能迎来光明的未来

生活中,总有一些人、一些事时刻腐蚀着我们的心灵,曾经的痛苦,曾经的缺失,曾经的遗憾都如一颗定时炸弹一样,会不时地在某一时刻被引发,羁绊了我们前进的脚步。我们要继续向前,就要努力将这些遗忘。否则,一味地沉浸于过去的伤痛之中,不仅会让自己失去当下的快乐与幸福,还会失去美好的未来。

杂技团来了两个新弟子,教练刚开始就先教他们走钢丝。两个弟子都没走几步就掉下来了。反复练习还是如此,最后两人都十分沮丧地站在地上,不知所措。这时候,教练走了过来,拍拍他们的肩膀说:"走,不停地走,直到你忘记了那条钢丝的存在。如果你忘了这件事,你就算真正学会,就可以正式登台演出了。"

人生处处充满意外,我们必须像练习走钢丝一样,带着微笑、抬头挺胸,努力去忘记脚下钢丝的存在,才能让自己走得更稳。

在生活和工作中,不如意的事情常常会发生,要想让当下的时光过得更有意义、有价值,就要立即调整心态,努力忘记这些不如意,让自己迈出新的步伐,这样才能让自己轻装上阵,迅速地达成自己的目标。

晓华是一家公关公司的普通职员,两年以后,晓华凭借其出色的表现就升为公司的中层管理人员。在做普通职员的时候,晓华与部门内部的同事们关系处得很好,现在做了管理人员,为了和大家搞好关系,她尽可能地与下属交朋友。由于晓华的诚心，所以，与部门内部的女性同事都处得很好。

然而，单纯的她却意外地被表面一团和气的好朋友“出卖”。有一次，她无意中知道她朋友在私底下议论她与其顶头上司的闲话，而且议论的口气十分恶毒，当时她如五雷轰顶，半天缓不过神来。晓华将她们当成是自己最要好的朋友，而她们却这样污蔑自己……在公司内部造成了十分不好的影响。当时晓华也十分气愤，自己靠努力得来的工作职位就这样丢了，心中十分不甘。部门内部的竞争力是极强的，以后再想升职，恐怕就会很难，一想到自己的前途，晓华都快崩溃了。

几天后，晓华接到一个电话，听到有人告诉她出卖她的朋友是谁时，晓华却表现得十分坦然，她对电话中的朋友说：“你千万别告诉我，我不想知道。”朋友很诧异，问她原因，她却说：“我已经从这件事中吸取教训了，现在知道了真相又能怎么样，有些事情必须要学会忘记。”

半年以后，晓华又凭借其出色的表现，升到了公司内部一个更高的管理职位。

晓华是豁达的，面对朋友的陷害，面对降职的事实，她当时也是有压力的。但是，她没有将痛苦和怨恨长久地负在自己的肩上，而是从中吸取教训后适时地将其遗忘，将压力转化为动力，重新开始向目标奋进，最终很快就达到了自己的目标。如果她一味地沉湎于愤怒和怨恨之中，其结果就可能会不同了。

生命就是在一条单行道上旅行，有些记忆是不适合带着上路的。所以，我们要学会遗忘，学会让自己轻装上阵。

遗忘过去，就是要坚强地正视过去，勇敢地面对现在。在很多时候，我们幸福与否，全在我们的一念之间，既然不能挽回就不要苦苦追求，优柔寡断势必让我们更痛。

遗忘过去，就要潇洒地面对尘世间一些哀伤与泪水，我们应该携带一些微笑与淡然上路。回望来时的路，也应该善于发现曾经的美好。

遗忘过去，就要勇于抛弃那些陈旧的观念和愚傻的念头，将所有的伤痛都遗忘在风中，让明媚的阳光照耀心田。人生短暂，过往如烟云，一切都要自己选择。学会了遗忘，也就使心灵得到了解脱，不要苦苦迷恋一切过去，活在过去的阴影中只会让你步履沉重，只有遗忘过去，才能迎来更为光辉灿烂的明天！

3 及时清理人生背包

德川家康说过："人生不过是一场带着行李的旅行。我们只能不断向前走，在行走的过程中，要想使旅途轻松而快乐，就要懂得抛弃一些沉重的包袱。"但是，生活中，我们却往往不懂得及时地舍弃，在往前赶路的过程中，一味地背负着那些沉重的没有任何价值的"过去"，以至于使自己的心灵不堪重负。

一个年轻人从千里迢迢的山上来到海边，想到一个地方去。他驾一叶轻舟扬帆出海，劈恶浪、战狂风。虽经长途跋涉，但还是没能达到自己的目的地。

有一天，他靠岸休息时遇见了一位智者，他说："智者，我是那样的执著、那样的意志坚强，长期跋涉的辛苦和疲惫难不住我，各种考验也没能吓到我。我的鞋子破了，手也受伤了，流血不止，嗓子因为长久地呼喊而沙哑……我已疲惫到了极点，为什么还到不了我心中的目的地？”

智者听完后问他：“你从什么地方来？”年轻人回答：“我从两千里外的山上来。”智者看了看他的船问道：“你的船里装的都是什么？”年轻人说：“它们对我可重要了。第一个箱子里面装的都是我的生活用品；第二个箱子里面装的是我发表和演讲的报纸、接受采访的照片以及各种获奖的证书和奖杯；第三个箱子意义更深刻，装满我每一次跌倒时的痛苦，每一次受伤后的哭泣，每一次孤寂时的烦恼；第四个箱子是无价之宝，那些沿途获得的珍宝不仅价值连城，而且很有收藏价值……靠着它们，我才能来到这儿。”

智者听完安详地问道：“你那些箱子大约有多重？”年轻人回答：“我没有仔细量过。”“你的力气实在是太大了，你一直是扛着船在赶路吧？”年轻人很惊讶：“什么，扛了船赶路？它那么沉，我扛得动吗？”智者听完微微一笑，说：“你从那么远的地方，负了那么一大堆东西来，岂不有力？不就如同扛了船赶路吗？过河时，船是有用的，但过了河，就要放下船赶路呀。”

年轻人顿悟：是啊！已经过去的，何必总生活在回忆中？于是他先把第三个箱子丢掉了，顿觉心里像扔掉一块石头一样轻松。赶了一段路，他又想：以前的辉煌也并不能说明以后啊！便扔掉了第二个箱子，船行得快多了。继续赶路后，他想：得到智者的至理名言不就是最好的无价之宝吗？最后，他又把千辛万苦得到的珍宝全部扔到了海里。这时，他发觉船轻快了许多，上岸后步子也轻快了许多，他才觉得生命原来是可以不必如此沉重的！

生命就是一次长途的旅行，只有勇于舍弃那些无价值的、多余的东西，才能让自己获得轻松和快乐。在生活中，你是否检查过自己有形的与无形的“背包”呢？你的背上扛了多少无价值的、不必要的包袱？比如，你过去的失败，你犯过的错误、你说过的错话、那些让你愤恨的人……是不是一直还背在身上？你准备还要扛多久？背着以前那些不愉快的事，你是否会感觉异常地沉重呢?

如果你希望你的人生旅程是快乐的、轻松的,就应该尽快地放下身上的这些包袱,丢弃掉那些多余的负担,丢掉那些旧的恐惧、旧的束缚、旧的创伤,放下任何你"不值得"背负的东西。要知道,天使之所以能够在高空中飞翔,是因为她有双轻盈的翅膀。当给她的翅膀上系上了多余的包袱,她就可能再也飞不远了。我们也应该如此,只有及时整理、清理背包里面的沉重,才能轻装前进,才能让自己的旅途变得愉快,才能让自己走得更远,飞得更高。

4 爱对方,就要忘记其过去

恋爱中的男女,总有这样一种习惯:盯着爱人的过去不放,总想追溯爱人过去都做过什么、和几个人谈过恋爱。当得知真相后,自己就会变得暴跳如雷,即使这已经是很久的事情。

也许有的人觉得:我这么做,是因为我爱他(她)!可也正是因为这份"独特的爱",让你自己陷于苦闷不能自拔,更让这份感情摇摇欲坠。

其实,在这个世界上,不管是谁,都有属于自己的感情世界,这是任何人都无法抹去的事实。即使你如何不高兴,往事毕竟只是人生中的过眼云烟,你并不能回到过去阻止这一切。倘若你总是纠缠于此,反而会让另一半觉得你是个不讲道理的人,感情出现裂痕。

李新和妻子许芳终于搬进了新房,这让两人很高兴,每天都在为新家忙碌着。

有一天，许芳正在收拾柜子，突然她看到了丈夫以前的一本日记，就随手翻看了起来，从中了解到了丈夫和以前的恋人的一些事情。尽管日记只是李新中学时期的记录，可是许芳依然愤怒不已，和李新大吵了一架。

从这以后，许芳仿佛有了"法宝"，每次和李新吵架时，都会询问他以前的恋情究竟是怎么一回事。甚至，她在空闲之余将日记反复看了十几遍，每一个细节熟记在心，不管走到哪里，都会回想起丈夫以前有没有和别人来过这里，做了什么事。

许芳知道，其实这样的行为不好，可是她始终无法控制住自己，白天无心工作，晚上也睡不着觉。孩子如今已经上小学了，为了孩子，她不想和丈夫离婚，但她也无法原谅丈夫，于是就每天用语言折磨李新，让他浑身难受。

一个月后的一天，许芳因为一件小事和李新争吵了起来，其间又说起了那本日记。终于，李新再也无法忍受了，他大声说道："够了，够了！难道你每天都活在10年前吗！算了，咱们离婚吧！你就永远活在那本日记里吧！"说完，他愤怒地穿上了上衣，走出家门，几天也没有回来。

一开始，许芳以为丈夫只是赌气，早晚会回家的。可是一个星期过去了，她依旧没有等到李新，心里不由有些紧张了。她给李新打电话，联系其他朋友，可是依然没有他的丝毫消息。

就在许芳手足无措时，突然接到了派出所的电话：在李新离家出走那晚，他一个人来到河边喝酒解闷，结果因为醉酒，不慎落入水中身亡。听完这话，许芳立刻瘫倒在了地上，没想到自己的固执，却给丈夫带来了灾难。

许芳总是记着丈夫的过去，不仅让自己每天活在忧郁之中，更导致丈夫出了意外，这一切都是因为她不能忘记造成的。

你可以静下心来细想一下：两个人在一起，是多么温暖和幸福，如果你爱对方，就应该珍惜你们当前所拥有的时光。过去已经成为过去了，就算你再计较又有什么意义呢？与其计较他的过去，不如花精力去了解他的现在！

想要与爱人一起体会生活的快乐，想要与爱人感受到幸福的生活，我们就应该和他或她一起迎接未来的生活，而不是让过去变为自己生活的负累。要知道，重提不愉快的往事，不仅会给自己带来伤害，还会给对方造成一些不必要的痛苦。甚至，对方还会为此而感到烦躁，最终不得不选择与你分道扬镳，那时你收获的只会是后悔。所以，想要与另一半牵手一生，那么你就应当懂得这样一句话：爱他（她），就要忘记他（她）的过去。

5 忘记虚无的幻想，收获真实的人生

每个人都有自己的幻想，女孩子渴望一个白马王子出现在身边，男孩子渴望自己拥有一辆好车……在我们的心底，总有一种幻想，激励着我们前进，激励着我们追求幸福、追求美好。

的确，找到属于自己的幻想，这是我们调节心灵的好办法，更是督促进步的一记妙招。可是，如果我们分不清幻想和真实的区别，一味陷于其中，那么我们不仅感受不到生活的美好，更会失去心中原本的那一份宁静。

有一个年轻人，时常觉得自己的生活太过平淡，于是就天天幻想自己的生活中能出现奇迹。为了让奇迹早些出现，他就向佛祖央求。佛祖问他："你想要什么样的奇迹呢？"

年轻人回答道："就是出现我做梦都想不到，完全超乎我想象的事情！"

佛祖说："好吧，我答应你，奇迹明天就会出现的！"

此人开始焦急地等待。但是很多天都过去了，年轻人的生活中却没有出现任何奇迹。于是，他就跑去质问佛祖："你已经答应过我了，可奇迹为什么没有出现呢？"

"你生活中早就出现奇迹了呀！"佛祖答道。

年轻人急了，说："我什么也没看到！"

"其实，你天天都是生活在奇迹之中的，所谓的奇迹就是你做梦也想不到的，完全超乎你想象的事情！而我给过你了，你认为佛祖能够为你带来奇迹，而佛祖也没有给你奇迹，这也是你做梦也想不到的，这本身难道不算是一个奇迹吗？其实你大可不必幻想生活中有什么奇迹出现，你的奇迹只存在于你的幻想之中。"

其实，现实生活中，很多人都是如此。心中充满了无数的对美好生活的幻想：幻想自己腰缠万贯；幻想自己拥有香车美女；幻想自己拥有至高的权力；幻想自己可以左右周围的一切……最终不惜铤而走险，给自己平添无尽的麻烦和烦恼，甚至让自己在歧途中越走越远。要知道，这些幻想都是你内心不切实际的非理性的空想，它只会阻止你享受当下的幸福和快乐，阻止你向前迈进的步伐。所以，我们要懂得忘记这些幻想，让自己真切地体会到"当下的快乐"才是最为重要的。

拜伦在很小的时候，总是幻想自己是一名探险家，登上高山、穿越海洋去拯救人类；幻想自己拥有一辆红色的费拉里赛车，不必为生计而烦恼；幻想要娶到一位美丽、善良的妻子，并能跳出优美的舞蹈，能唱出悦耳的歌声……

然而有一天，拜伦在外出游玩的过程中受了重伤，从此他再也不能登山，不能爬树，不能到海上航行；随后他又成为一个极为普通的药品销售员，微薄的收入使他丧失了购买跑车的能力。后来他又与一位普通的姑娘结了婚，并且那个姑娘也并不如他所幻想的那样能歌善舞；他的幻想一个人就这样破灭了。于是，每当回忆起他昨日的幻想，心中便郁郁寡欢，心中极为不快。

朋友见状就告诉他："从前的幻想只是源于内心的一种非理性的想法。每个人都不可能预测到未来会是什么样子，还是及时将之忘记，才能开始更为精彩的新的人生。"

听了朋友的话，拜伦有些释然。是呀，眼睛只盯着虚无的幻想，只是在浪费当下的时光，只有专注于当下才有可能使幻想最终成为现实。后来，拜伦就努力忘记曾经的那些幻想，专注于享受当下，他顿时感受到生活其实充满了阳光。

忘记了曾经的那些虚无的幻想，拜伦才最终懂得了什么叫做快乐。在生活中，幻想本身并没有错，错的只是我们将之当成了真实，并一味地活在虚无之中，最终却错失了当下的快乐与幸福。所以，我们一定要及时忘让那些不切实际的幻想，这样才能让自己在现实生活之中保持一颗平静的心，活出真实的自己。

6 别拿过去的卑微惩罚自己的一生

你总是以各种形式把自己隐藏在过去的时光中：完全沉浸于过去的不幸中，给过去涂上一层悲观的色彩，对过去的一切感到遗憾。一味地沉溺于过去，无疑会分散你对当下的注意力，阻碍你向前。其实，我们无须拿过去的哀伤与卑微去惩罚自己，让自己失去永远前进的机会，毕竟过去已经一去不复返了，此时此刻才是活力的源泉、力量的源泉。

伊东·布拉格是美国历史上第一位获得普利策奖的黑人记者，当同行采访他的时候，便询问他的获奖感受，他拿起麦克风面向大家讲述了自己的经历：

“我是从过去的卑微中尝尽了苦头，才有了向前奋发的动力！”

“在我很小的时候，家里非常贫穷，我父亲是个水手，他每年都来来回回地穿梭于大西洋的各个港口之中，尽管如此，挣的钱依然不够维持全家人的生活！在这样的处境中，我曾经异常地沮丧，因为我一直都认为，我们地位如此卑微、贫穷的人是不可能有出息的。抱着这样的想法，我浑浑噩噩地上学。可想而知，成绩也好不到哪儿去，就这样，就在自己设定的围墙中生活了10年时间。”

“有一次，父亲突然走过来对我说：‘你现在长大了，应该带你出去见见世面，我希望你的生活能与父母不同，能摆脱从前的贫穷而有所成就。’”

“听了父亲的话，我就暗想：‘我有成就？怎么可能呢？我不过一直都是个穷人的儿子！’”

“尽管如此，我依然听从父亲的安排，随他一起去参观了大画家凡·高的故居。”

“在这间狭小的屋子中，我看见一张小木床，还有一双裂了口的皮鞋。我当时十分惊讶，这位著名画家的生活居然是如此简陋！我便问父亲：‘凡·高不是是著名的画家，不是很有钱吗？他怎么会在这种地方住？’”

“父亲对我说：‘儿子，你错了，凡·高也曾经是个十分贫穷的人，还没我们富裕，他甚至连妻子都娶不上，但是他依然没向贫困屈服！’”

“这段经历使我对自己的以前看法产生了疑惑，我想：自己是否也可以从过去的碌碌无为中摆脱出来，而有些出息呢？

“为何他知道自己只不过是昨日的穷人而非现在、将来的穷人呢？第二年，父亲又带着我到了丹麦，我们游走于安徒生的故居之内，这里的环境比凡·高强不了多少，我就更为惊讶了，因为在安徒生的童话中，到处都是金碧辉煌的皇宫，我一直以为他与他书中塑造的人物一样，都生活在皇宫里呢？父亲看着我意味深长地说：‘不，孩子，安徒生是个鞋匠的儿子，你喜欢的那些童话就是他在这栋阁楼里写出来的。’直到这个时候，我们终于明白父亲为何要带我参加凡·高和安徒生的故居，其实他是想告诉我：不要在乎自己过去的生活如何贫穷，尽管我们都是穷人，身份很是卑微，但是这丝毫也不影响我们往后成为一个有出息的人！”

对于过去的贫穷，我们一定要坚信：从你自己踏入生命旅程的那一刻起，我们就告别了贫穷，摒弃了过去，我们要将过去从自己的记忆中永久地删除，才能瞻仰前方，看到远方的希望，只要风雨兼程，勇往直前，最终会换来专属于自己的一片碧朗晴空的。

如果你沉溺于过去的贫困和哀伤中不能自拔，会使你远离自己的真实的心灵，将自己囚禁起来。如果你对过去的一切感到遗憾，那么你就忽略了人过去赐予你的珍贵礼物。你将自己当成了受害者，拒绝承认自己是强大的未来的创造者。如果你为过去感到内疚，觉得当初不应该那么做，那么你就对自己过于苛刻了，因为过去发生的事情有一定的原因，不要以现在的眼光去看待已经发生的事情。如果你对自己的过去感到懊悔，觉得自己如果能再多了解一些，你可能就不会那么做，但是，你当初那么做完全是自己所知的范围内尽力而为的。要知道，只因为有了过去的经历，才有了今天更为完美的自己。所以，一定要信任过去的一切经历，千万不要为过去的遗憾斤斤计较。

从过去的失败与胜利中学习是极为重要的，但是不要过于沉浸在过去的时光中。不要让过去分散你的精力。偶尔回忆一下是可以的，但是不要将自己长久地驻留在过去的回忆中。拿破仑曾说过："承认自己的无能就是选择了失败，这种人往往只会逃避生活，一事无成也会是他们必然的结局。"

生活中永远只有两种人：强者与弱者，如果你认为自己的过去、现在曾经注定只能成为一只鼠，那么最后的结果只有一个，就是要成为"猫的食物"；而永远不向生命妥协的人，最后一定能够厚积薄发，成为一只雄壮的雄鹰。

7 忘记失败，才能收获成功

人生的路上，失败可谓我们人生路上的"必修课"，只要有奋斗，就一定有或大或小的失败：第一次学走路，迈出的第一步是摔倒；第一次参加比赛，没能得奖；第一次谈恋爱，却以分手告终……当年的这些失败的事情，最终还是被我们征服了，主要是因为我们能够及时地忘记曾经的失败。懂得忘记失败的人，是不会过分地计较眼前的得与失的。这样的人心胸宽广，眼光远大，会将暂时的放弃，当成一种更进一步的阶梯，为发展积蓄能量，为成功奠定基础；这样的人，心中总有一股强大的信念，他们在任何情况下都能坚持自己的信仰，把握人生的方向。所以，当遭遇失败时，我们不妨将它通通忘记，这样一来才能坚定地永往直前。

爱迪生是伟大的发明家，他的成功就在于他善于忘记曾经的失败。

爱迪生是一个异常勤奋的人，从小就对电器产生了浓厚的兴趣，自从法拉第发明了电机以后，他就决心制造电灯，为人类带来光明。为了发明电灯，他试验了有上千次，也失败了上千次。

刚开始，他所遇到的困难是要寻找到灯丝的材料，他先用炭化物质做试验，失败后又以金属铂与铱高熔点合金做灯丝试验，还做过矿石和矿苗等各种不同的试验，结果都失败了。

不过，失败并没有让爱迪失放弃希望，他只是忘记了那些“失败”，将那些“失败”丢到脑后，继续进行着自己的实验。后来，他用炭丝装进玻璃泡里，一经试验，效果很好。就这样，世界上第一批炭丝的白炽灯问世了。1889年岁末的晚上，爱迪生电灯公司所在地的那条街道灯火通明，这就是爱迪生的杰作。

虽然电灯发明成功，但是这种电灯依旧有很多毛病，大规模推广的可能性很难，这对爱迪生来说，依旧是一场失败。于是，他再次选择了“忘记”，继续进行钻研。后来有一次，他用炭化竹丝做成一根灯丝，结果比以前做的种种试验都理想，这便是爱迪生最早发明的白炽电灯：竹丝电灯。最后，爱迪生把炭化后的竹丝装进玻璃泡，通上电后，这种竹丝灯泡竟连续不断地亮了1200个小时。

就是为了这看似简单的电灯，爱迪生几乎把自己的精力都投在了试验上，仅植物类的炭化试验就达千种。可是，无论多少次失败，他都将失败的阴影抛到了九霄云外，大约经过上万次的试验，写成试验笔记150多本，方才达到目的。

爱迪生小时候曾被人称作“傻子”，也许正是那份傻气，才让他拥有了“忘记”的本领，最终成为世界闻名的发明大师。所以，忘记失败，这是我们每个奋斗的人都应该学习的必修课。

然而在现实生活中，很多人，在经历了失败后，总是变得毫无勇气，总想起过去的失败，这让自己没了奋斗的精神，没有前进的动力，这样永远不能看到明天胜利的阳光。有道是“好事多磨”，其实，失败是一种磨炼的过程，心即使在冰冻三尺之下也不会凉的。而能否忘记失败，则是我们能否重新崛起的关键。所以，我们不要再哀痛昨天的失败，我们要从每一段错误中汲取教训，让更多宝贵的经验成为向前迈进的助力。

不过，我们在这里所说的忘记失败，并不是让我们去完全地将失败忘记，而是要我们及时在失败中反醒自己，然后忘记失败后那些阻碍我们前进的消极的思想，这样才能让自己有成功的希望。

8 别让过去的仇恨折磨自己

人生中所谓的得与失，在很多时候是没有任何实际意义的，但是被带入其中无法挽救的或恶劣、或悲伤、或仇恨的心情，却可以使人们改变对整个生命或生活的看法或感受。这种消极的心情所引起的得与失，比起物质上的得与失更加致命，因为这种失去是最为昂贵的，是我们永远也支付不起的。既然如此，为何我们不能忘记过去的一些恩恩怨怨，开始自己的新生活，却非要选择在回不去的记忆中过度感伤，使自己的心灵备受折磨呢?

在20世纪的时候，美国著名的建筑大王凯迪与飞机大王克拉奇是很好的朋友。凯迪有一个女儿，而克拉奇则刚好有一个儿子，两个人为使彼此间的关系更为亲密，就打算撮合他们的儿女成婚。但是两个人的感情却进行得并不顺利，经常会发生争吵。但是，两家人都是社会的名流巨富，儿女们的这种关系让他们极为伤脑筋。

没想到，他们担心的事情果真发生了。凯迪的女儿竟然被人毒害，而据警方详细调查后，杀人凶手正是克拉奇的儿子。为此，克拉奇的儿子也被关进大牢中，两家人的身心因此也受到沉重的打击。

从此以后，两家的关系就变得极为紧张，他们的生活也变得暗无天日。令凯迪一家较为恼火的是，克拉奇的儿子在事实面前却从来不承认是自己杀害了凯迪的女儿，而克拉奇也极力地为儿子的罪行拼命奔走上诉。如此一来，两家便结下了深仇大恨，两家人也开始进行明争暗斗的较量，双方也都损失惨重。

一年以后，法院做出终审，克拉奇的儿子也因谋杀罪被判终身监禁。克拉奇为了不让自己的儿子一辈子都待在监狱中，为了消除儿子的罪行，又千方百计、拐弯抹角地不惜重金为凯迪一家做经济补偿，以求得凯迪能到监狱去为儿子说情。克拉奇每一次的经济补偿都是巧妙地出现在生意场上，这也使凯迪不得不被动接受。

但是，每当凯迪拿到克拉奇家族的一笔补偿金的时候，就像是一把刀刺自己的心那样悲痛难忍。凯迪也不停地埋怨自己当初怎么就看错了人。而克拉奇的全家也是天天都生活在自责之中，他们怨恨自己怎么没能教育好自己的儿子，埋怨自己不该为了自己的利益而撮合儿子的婚事。

两家都是美国企业界中的上层人物，没想到生活却会如此地捉弄他们，让他们的内心得不到安生。就这样一年又一年过去了，两家人的心情总是被巨大的阴影所笼罩，凯迪与克拉奇从来没有真正地笑过。他们承认，他们为此所付出的心理代价是用任何金钱也换不回来的。

然而，就在他们苦苦承受了 20 多年的痛苦后，最终的事实却证明，凯迪女儿的死，并不涉及善恶情仇。事情在当时的美国社会引起了巨大的轰动，面对媒体的采访，凯迪与克拉奇都说了同样的话："20 多年来，我们所受的心灵上的折磨是我们永远支付不起的！”

20多年，是多少个黑发变成白发的日日夜夜啊！这是用任何财富都支付不起的。如果两家都能及时地忘让仇恨，那便不会有如此多的折磨和煎熬了。

生命太过短暂，容不得我们为了一些外物和解不开的死结而毁灭掉自己匆匆而逝的年华，破坏其原本存在的平静。其实，只要你静下心来想想，过去的仇恨没有什么大不了，过去的毕竟过去了，再纠结、再痛苦也永远无法挽回了。只有选择及时将其忘记，才能弥补你已经失去的，才会迎来如夏花般绚烂的明天。

要知道，没有谁与谁是天生的仇人，只不过因为某件事情发生了矛盾，发生了些摩擦而已，其实完全可以大度地抛弃这些不值得再用生命去支付的痛苦。否则，只会让自己痛苦一辈子，后悔一辈子，让生命永远得不到解脱。

有一个古希腊人，一天他走在坎坷不平的山路上，发现脚下有袋子似的东西妨碍了他的脚步，他就用自己的双脚狠狠地踩了一下那东西，结果那东西不但没有被踩破，反而更加大了起来，他生气极了，就捡起路边的大树枝朝那东西砸了过来，那东西竟然被它砸得越来越大了，渐渐地堵住了路口，而这位古希腊人也被困在这儿了。

在他为此正着急的时候，山中走出一位圣人，对他说：“朋友，快别动它，忘了它吧，离开它，远去吧，它叫仇恨袋，你不犯它，他便小如当初，你若犯它，它就会跟你敌对到底。”

在生活中，人与人之间难免会产生摩擦和误会，如果我们将之永久地放在心中，仇恨将会堵住我们通往快乐与幸福的道路，那样只会让自己的生命白白流失更多的无意义的时光。只有学会忘记仇恨，才能提高自己、开阔自己，才能让自己的生活少一分障碍，多一分快乐和幸福。

第八章 人之所以不甘心，是因为不够淡然

——宠辱不惊，笑看庭前花开花落

『宠辱不惊，笑看庭前花开花落』是先哲一种淡然心境的真实写照。淡然不是淡漠，不是一种消极的处世思想，是阅尽沧桑后的醒悟，是了然于胸的大度，是『不以物喜，不以己悲』的超脱。它虽然不是生命旋律中绚丽的华章，却是生命中不可缺少的生活底色。

如果我们能够以淡然的心境体会世间的一切得失，以一颗平常心去感受生活，便可以获得一份静谧优雅的心境，脱离心中的一切不甘，最终获得无比洒脱的人生！

1 平常心:祥意的生活姿态

在竞争激烈的社会中,我们每个人都忙忙碌碌地奔波忙碌,总会时不时地遇到不如意或不顺心的事情,面对这些,我们要想开心幸福地过日子,活出个精气神来,就必须要拥有一颗平常心。

有一个人请教老禅师如何修行,禅师说:“困来睡觉,饿来吃饭。”那人就十分奇怪,就说:“如此简单的事情,每个人都在做的啊,怎么就是修行了呢?”

禅师说:“每个人都能吃饭,但是却不会好好地吃饭——千般地去计较;每个人都会睡觉,但是却不懂如何去好好睡觉,心中充满百般地思虑;过于计较、过于思虑,人只会被内心的这些虚妄的杂念所困,就是失去了自我,成为杂念之奴。”

其实,禅师的意思就是:事来就应,不必过于去在乎、去计较、去思虑,这就是平常心。

老禅师道出了保持一颗平常心的实质:就是不苛求、不计较、不思虑。它意味着不骄不躁,用一颗平淡的心去面对世间万物,得意时不忘形,失意时又不过于悲观;在现代紧张生活的压力下,仍有心情去感受一份闲看庭前花开花落,望天外云卷云舒的那份自在!是一种极为祥意的生活姿态。

“保持平常心”说起来是很容易,但是做起来却不是很容易的,大文豪苏东坡曾说过,要保持一颗平常心是不容易的!

在江南的时候，苏东坡平生与佛印禅师交往甚密。两人隔江而住，经常来往。

有一次，苏东坡到佛印的庙中拜访他，佛印不在，苏东坡就独自一人去参观佛堂。看到堂前威严端坐的佛爷，便诗性大发，向庙里的小和尚要来笔墨，一挥而就："稽首天中天，豪光照大千。八风吹不动，端坐紫金台。"写完之后，极为得意，请小和尚务必要把这首诗转交给佛印，让他看看自己是否领悟到了佛家的真理。

佛印回来之后，就看到了苏东坡的诗，二话不说，便在他的诗旁边写了两个字：放屁！然后让小和尚再将诗给苏东坡送回去。苏东坡看到了这两个字之后便立即火冒三丈，心想：你不夸我诗写得好也就罢了，怎么能骂我放屁呢！心中十分生气，立刻起身过江去找佛印的麻烦。

佛印一见到苏东坡，便哈哈大笑起来，道："你不是八风都吹不动吗？怎么被我的'一屁'吹过江来了？"苏东坡一听，也便哈哈大笑起来，方才明白老朋友的用意。

其实，这里所指的"八风"就是保持一颗平常心的八项标准，也是佛家所讲的不被利、衰、称、讥、誉、毁、苦、乐（顺利、衰败、称赞、讥讽、名誉、诋毁、困苦、快乐）所困扰。

如今，要真实地做到不受这"八风"所困，保持一颗平常心还真的挺难。就拿"名利"来说，我们对人的评价或对物品的价值评估，大都是以金钱为标准的，都认为愈有钱的人就愈成功，贵的东西就被认为愈有价值，这可以说是拜金主义的泛滥。但是，要知道世间大富大贵的人毕竟为数不多，我们要把握天时、地利、人和，还必须要拥有超常的勇气与智慧，如此一来，必定会有多数人到处在迷茫、徘徊，在追求的过程中，心中难免会充满不甘和不满，最终让自己陷入名利的苦海中不能自拔。

不可否认，在生活中我们每个人都不免会流于世俗，也不可能完全不受“八风”所困，但是，我们只需时时自省，并在自省中提炼出一种“顺其自然”的平常心态。无论面对什么事，都不要过于去计较厉害得失，不论事态如何演变，都能平静地对待它，并努力做到以下几点：

为善不执：不要过于去执著，因为有了执著，心中就难免会有障碍，有了执著，心中就会有所期待。当期待落空，不免会失望，甚至会恼怒不安，内心就自然无法平静，如果能行善施恩于人，无求回馈，不执于心，心中无施者、受者以及无施物的清净，便是平常心。

老死不惧：生死轮回是自然常理，人难免会生病、衰老、死亡，面对此，如果我们能够心无惧怕，意不颠倒、安然自在，能有“死是生的开始，生是死的准备；生也未尝生，死也未尝死”的观念，便拥有了一颗平常心。

逆境不烦：所谓“月无日日圆，人无日日顺”，当我们遇到逆境的时候，要看清忧虑，放下忧虑，并忘记忧虑，不随烦恼而起舞，泰然处之，不为杂念所困，不为顺逆所动，忘掉对手，忘掉胜负，以自然的心态对待，这就是平常心。

努力做到“人若无求，心自无事；心若无求，人自平安”，只要我们的内心时刻保持“无取、无舍、无骄、无求、无执著”的平和之态，也就拥有了一颗平常心，你就会活得无比的从容和快乐！

2 心平气和地面对不平事

我们常说，“要快乐地生活就要保持一颗平常心”，在波澜不惊的日常生活中，很多人尚可能够做到这一点。但是当你面对各种利益纷争的时候，还能够保持心平气和吗？自己如遇到被冤枉、被暗算等这些不平事情的时候，我们的心情还能优哉地宠辱不惊吗？

在漫漫的人生道路上，每个人都不可避免地会遇到众多的不平之事：成绩不如自己的人却考上了一所好大学、能力不及自己的人却找了个好工作、自己心爱的女孩却突然被另一个人捷足先登了、曾经不屑一顾的同事却成为自己的上司、好不容易得到了一个发展的机会却被别人用“关系”抢走了、刚刚事业有成了却遇到了各种各样的流言蜚语……诸如此类的事情层出不穷。如果我们不幸遇到了这些麻烦，该以怎样的心态去面对呢？慧缘法师给了我们答案：

慧缘法师曾独自一人在寺院后的山岩洞上修行了 10 年，后来又回到了承天寺，每夜都会在寺里通宵打坐。

有一天，大殿上功德箱里面的钱突然丢失了，法师无疑成为众人怀疑的对象。因为在他回寺之前从未发生过此类的事情，而且大家都知道他每夜都会在大殿内打坐，如果是别的盗贼前来行窃，他应该知晓才是。但是，当寺院住持当众说这事的时候，慧缘法师并没有任何的反应，所有人都认为偷功德款的人一定就是慧缘了。所以，全寺中的众僧人以及和尚、居士无不对慧缘法师另眼相看,都向他投来鄙视的目光。

但是,慧缘法师处在这种人人怒目相视的环境中,仍然能够心平气和,若无其事。他既没有站出来喊冤叫屈,向众人申明一切,也并没有流露出半点受委屈的情绪,与平常没有两样,每天按时去吃饭、每晚还是照样去大殿打坐。

终于,在 7 天后,寺中的住持才揭开了谜底:原来功德款根本没有丢失,这是住持在考验慧缘法师的,想知道他在山洞中住的 10 年修练出了什么样的境界。没料到他竟能在遭遇冤枉的情况下,依然不改常态,以一颗平常心去生活,为此,全寺上下无不由衷地对他产生了崇敬。

生活中的事情不是样样都能尽如人意的,我们就应该像慧缘法师那样,心平气和、宠辱不惊,既要看得破,又要忍得过。与其在追求是否公平上耗费大量的精力,不如踏踏实实地把自己的事情做好,这不是任人摆布,更不是逆来顺受,而是一种理智的生活方式。就如你无缘无故被一只疯狗咬了一口,难道你非要返回来对疯狗咬一口心里才舒服吗?道理就是如此。

一位心理学老师给她的学生上了这样一堂心理课:《蛋糕分配不公的启示》。

心理老师在上课之前拿了一块大大的蛋糕,切成了五零四散的小块后,给班上的每一位同学都分了一块。有的同学拿到了蛋糕,而有的同学却没有拿到;有的同学拿到了一块大的,而有的同学却拿到了极小的一块;有的同学拿到了带有奶油的,而有的同学拿到的是没有奶油的……在这样的情况下,有的同学却向老师提意见了,"老师,您的蛋糕分得太不公平了。"老师却没有及时地回答学生提出的问题,而是让全班的同学都同时思考这个问题。

10 分钟后,老师让同学们开始回答:有的学生说:"老师分得是对的,那些平时表现好的同学就应该得到大的蛋糕”；有的说：“有的同学个子小，就应该得到大块的，以多补充营养”，听完学生们的回答，老师说很好，同时又说：“我们该如何面对这些不公正的待遇呢？”这次学生们的回答更踊跃了：有的说：“我们应该有一颗冷静的心，先对事物进行分析，再去下结论”；有的学生说：“每个人都应该有一颗宽容的心，要多站在别人的角度想问题，才能获得快乐。”有的学生说：“我们应该理性地积极地去看待问题，要看到自己的不足。”还有的学生说：“我们应该以一颗平和的心去看待问题，不能因为这些不平事就着急气愤，这是在自寻烦恼。”

冷静、宽容、理智、积极、平和，这几个关键词就是我们面对不平事时应该具有的态度。对此，作家契诃夫有自己的态度：“要是火柴在你的衣袋中烧起来，那你应该高兴才是，而且要感谢上苍，幸亏自己的衣袋不是火药库；要是你的手指不小心被别人扎了一下，那你也应当高兴，幸亏这根刺不是扎到自己的眼睛里了；要是无意中被人踩了一下，那你应当高兴，幸亏不是被汽车轧了一下。”

从健康的角度来讲，如果人在不平事面前不能保持心理平衡，也就是对人对事不能做到心平气和，对健康也是影响极大了。《黄帝内经》中说“怒则气上，喜则气缓，悲则气结，惊则气乱，劳则气耗”，所以，百病都是生于气。现代医学也发现，人类的70%~90%疾病与心理有着极大的关系。如果人的心态不好，爱着急、爱生气就容易破坏人体的免疫系统，易患高血压、冠心病、动脉硬化等病症。所以，心理平衡对人的身体健康是最为重要的，谁能在不平事面前时刻保持一颗平常心，就等于掌握了健康的金钥匙。

总之，当我们遇到不平之事时，一味地怨天尤人是与事无补的，自暴自弃也无疑于一种慢性自杀。唯一可取的做法就是，调整好自己的心态，并用极为乐观、积极的心态来生活、工作。既然我们没有能力来改变这些不平事，那就要尽力地调整好自己的心态，对任何事都保持一颗平常心，问题就会迎刃而解，种种矛盾与心结也就能自然打开了。

3 君子之交淡如水

人是具有社会性的，所以，每个人都会有自己的朋友。但是，我们在交朋友或与朋友相处的时候，也应该时刻保持一颗平常心，不被利欲所累，无须世俗客套。这样的友情才能让你体会到与朋友相处的快乐，才能不让朋友成为你的一种负累。

唐朝贞观年间，薛仁贵在尚未得志之前，与妻子住在一个破窑洞中。衣食亦无着落，只是靠一个叫王茂生的朋友接济。后来，薛仁贵参军，在跟随唐太宗李世民御驾东征时因为战功显赫，被封为平辽王。一登龙门，自然身价增长，前来薛王府送礼祝贺的文武大臣络绎不绝，但是最终都被薛仁贵婉言谢绝了。他唯一收下的礼物就是以前的老朋友王茂生送来的两坛美酒，但是坛中装的并非是美酒而是清水！

当薛仁贵得知酒坛中是水而非酒，不但没有生气，反而取来一个大碗，当着众人的面痛饮下三大碗王茂生送来的清水。在场的文武百官很是不解其意，只见薛仁贵喝完三大碗清水之后说："我在过去落难之时单靠王兄夫妇资助，如果没有他们，更没有我今天的荣华富贵。而如今我美酒不沾，厚礼不收，却偏偏只要收下王兄送来的两坛清水，是因为我知道王兄家道贫寒，即便是送给我清水也是王兄的一番美意，这叫做君子之交淡如水。"从此以后，薛仁贵与王茂生一家的关系更为亲密了。

薛仁贵与王茂生之间的友情正是因为平淡，才显得更为珍贵，也显得更为亲密。关于此，庄子曰："君子之交淡若水，小人之交甘若醴。君子淡以亲，小人甘以绝。"意思是说，君子间的友情像水一样平淡无味，正因为平淡才能让人有一种清爽的感觉，两者间的关系才能持续得更为长久；而小人间的友情像甜酒一样黏黏糊糊，清淡可以使人更为亲近，而太过于甘甜却会使人疏远，太过甘甜就会成为一种负累，疏远也是不可避免的了。

范仲淹在泰州为官的时候，结识了当时年仅20多岁的富弼。范仲淹一见到富弼就对他大为欣赏，认为他很有才干，便将他的文章推荐给了当时的宰相晏殊，还替他做媒，让她做了晏殊的女婿。

几年以后，因为当时山东一带多有乱兵来骚乱，有些州县的长官看到乱兵来攻打不仅不积极抵抗，而且还开门延纳，以礼相送。几年后，这些乱兵被镇压后，朝廷开始派人追究这些州县长官的责任。当时富弼很是生气地说："这些官都应该被判死罪，否则的话，就没有人再提倡正气了。"范仲淹则反驳道："这些县官又缺乏兵力，如果进行抵抗的话，受苦的只有老百姓。他们的这种做法，可能是为了保护百姓所采用的权宜之计吧！"因为与富弼意见不同，相互争执起来。这时有人就劝解富弼说："你这样做有些过分了，你难道忘记了当初范先生是如何举荐你的吗？"

富弼却说："我与范先生是君子之交，范先生推举我并不是因为我的观点始终与他一样，而是因为我遇到事情都有自己的独到观点。我怎么能因为要报答他的推荐而随意改变我的观点呢？"范仲淹听到富弼这番话后，甚是高兴，便说："我之所以欣赏富弼就是因为这个原因啊！"

这就是所谓的"君子之交"，他们相互之间不会因为观点的不同或意见的分歧而产生根本性的矛盾，相互之间交的是心灵，不会被世间的客套与烦琐所累。因为彼此知心，所以，也无须更多的语言，与这样的朋友相交，是人生一种极大的享受。

君子之交淡如水是我们提倡的一种交友之道。但是，现代社会朋友之间因为掺杂了太多的利益得失，功利算计，最终成为心灵中的一大负累。要让友情成为人生的一大享受，就要用一颗平和的心去对待朋友，以一颗明智的心善待友情，不需要轰轰烈烈的豪言壮语，更不虚情假意地矫情做作；即便彼此很久不见，心中会有一丝淡淡的思绪；见面之时，相视一笑，没有太多的客套，甚至连问候的话语都是多余的，彼此在一起静静地喝茶，就是最大的享受；彼此间既不互相猜忌，又不互相吹捧，就如白开水一样平淡透明，如此的友情才能持续得更为长久。

4 忌妒是心灵的一剂毒药

“忌妒”，是以名利心为出发点，对他人的荣耀、善、美等生气不悦，故意毁他的一种心理作用。忌妒的人往往给别人带来烦恼，也会给自己带来痛苦。它是人心中的一个负担，一个人如果总拖着这个负担，这个人定会变得弯腰驼背。同时，忌妒还会使人变得异常冷漠，它是人心灵的一剂毒药。

现代社会充满了竞争，我们因为不能适应残酷的竞争，没有能力得到自己想拥有的一切，于是，心理便不自觉地开始阴暗起来。我们往往不愿意从自身去寻找原因，而是一味地抱怨别人走得太快，抱怨命运对我们不公平。对于别人的付出，却视而不见，也从不审视自己究竟付出了多少，一看到别人收获便开始心有不甘，让人心中充满烦恼，这无疑于在否定自我价值，在作茧自缚。

一个年轻人忌妒之心很重，看到自己的邻居比自己过得好，就心生怨恨。有一次，天使来到人间说可以满足他的任何一个愿望，但却有一个提前，必须要将他的愿望的双倍赐给他的邻居。年轻人一听极为不悦。心想，如果我得到一张桌子，那么邻居就会得到两张桌子。我要一份田产，那么邻居则会得到两分田产……想到此，年轻人想，与其让邻居得到，还不如让其倒霉呢？于是，他就对天使说："如果你挖去我的双眼，那么邻居是否也能得到一些惩罚呢？"

这个故事听起来有些好笑，但是却是对心存忌妒者的最真实的写照。法国作家巴尔扎克说："忌妒者受的痛苦比任何人遭受的痛苦更大，他自己的不幸和别人的幸福都使他痛苦万分。"忌妒之心对忌妒者之所害，正如铁锈之为害于铁。那些心胸狭窄者之所以避免不了失败的结局，就在于他们心存不良，不愿意别人超过自己罢了。自己倒霉之时，也要别人没好日子过，这样做除了害人害己，真的别无他途了。所以，在生活中，我们一定要摈除这种害人害己的心理，与其将浪费时间去忌妒他人，让自己饱受折磨，还不如静下心来想想自己能做什么！

据说，哥伦布历尽艰险发现美洲新大陆回到西班牙后，女王为了奖赏他特地为他摆宴庆功。

在酒席上，当时的许多王公大臣、名流绅士都瞧不起这位没有任何爵位的哥伦布，而且由于忌妒他所作出的贡献而纷纷出言相讥讽。有的说："有什么了不起的，换成我出去航海，一样也可以发现新大陆。"有的说："驾着船，只要朝一个方向航行，不转弯，就一定有新发现！"有的说："这么容易的事情，女王还给他如此高的奖赏，真是不服！"

这时候,哥伦布则从桌上随手拿起一个鸡蛋,笑着问那些讥讽自己的人说:"各位令人尊敬的先生们,你们有哪位能让这个鸡蛋立起来呢?"

于是,那些内心充满忌妒而又自以为能力超群的王公大臣,都开始纷纷试着将那个鸡蛋立起来,但左立右立,站着立坐着立,想尽了办法,无论如何也立不住一个椭圆形的鸡蛋。

"哼!我们立不起来,你也别想将它立起来!"大家就纷纷把目光盯向了哥伦布。

只见哥伦布不慌不忙地用手拿起鸡蛋,"砰"的一声往桌子上磕了一下,蛋头破了,鸡蛋便牢牢地立在了桌子上面。

众人一看,便纷纷骚动了起来,都嚷道:"这谁不会呀!简直太简单了!"哥伦布则微笑着对众人说道:"是的,这当然很简单,但是,在这之前,你们为什么就想不到呢?"

哥伦布一语便道破了这些王公大臣们忌妒的心理,他就是要告诉他们:与其浪费时间去忌妒别人,还不如静下心来想想自己能做什么!"

忌妒是心灵的一剂毒药,而解除这剂毒药的最好的办法就是相信自己,别人能做到的事情,相信自己也能够做得到。记住,一旦你对别人产生了忌妒,首先要承认自己不如别人。你要超越别人,首先要超越自身,要将内心的忌妒化为一种激发自己潜能的竞争力,坚信别人的优秀并不妨碍自己的前进,相反还给自己提供了一个竞争对手,一个学习的榜样,给自己以前所未有的动力。事实上,当你真正埋头去专注于你的事业的时候,你就不会再有时间或精力去忌妒别人。

要知道,成功并非是某个人的专利,它属于每个人,要用欣赏的眼光去看待比自己在某方面强的人,不要让狭隘和烦恼侵袭自己的心灵,让自己丧失了一种高尚的气度和修养。如果自己不能拥有,那么就快乐地欣赏别人的拥有，不要让生活变得暗淡起来，不要因为不如别人就显得落魄和沮丧，上帝对每一个人都是平等的，要用一颗平常心去面对生活中的功名利禄。千万不要让忌妒钻进我们的心里，这会腐蚀我们的头脑，毁坏我们的心灵。如果我们能将忌妒的心情转化成激励自己的动力，那么我们将会在下次自己成功时，或许就能亲身体验到遭人忌妒的感受。

5 平平淡淡才是真

每天早起、上班、下班……我们多数人在多数时间可能都生活在这种按部就班、周而复始的平淡状态之中，这就是生活的常态。但是，有人却总是不甘心过如此风平浪静、波澜不惊的生活，总觉得这样体现不出自身生命的精彩来，为此都极为烦恼。其实，这些人都是庸人自扰，其实，平平淡淡才是真真切切、原汁原味的生活。

例如，我们日复一日、年复一年地要吃饭、睡觉、走路，这些都是极为平淡的事情，如果你一味地抱怨这样好没劲、好无聊，并总想想方设法地改变的话，那么无疑是在给自己招致麻烦。试想，你不再吃饭，那就离生命的终点不远了；如果你常常睡不着或者睡不好觉，白日里一定要无精打采或烦躁不安；如果你不能走路了，那可能就意味着你的腿出了问题或者是身体的其他部位有了疾病。

在生活中，越是极为平淡的东西越是人们所不能缺少的，我们不能因为其平淡无奇就觉得其可有可无，认为它一文不值。空气、阳光、水源、食物……这些东西都是极为平常无奇、淡而无味的，但却是我们一刻也不能缺少的。相反地，别墅、汽车、金钱、珠宝……这些看似光彩夺目、诱惑人心的东西，却并非每一个人都适宜，还有可能会给你带来灾祸。

弘一法师，俗名李叔同，清光绪年间生于富贵之家，前半生享尽了荣华富贵。长大后就成为一位才华横溢的艺术家。他集诗、词、书画、篆刻、音乐、戏剧、文学于一身，同时还在其他领域中开创了中华灿烂文化之先河。他将中国古代的书法艺术推向了极致，文学大师鲁迅和郭沫若等人以得到他的一幅字画为无上的荣耀。他也是向中国传播西方音乐的第一人，他所亲自创作的《送别歌》虽历经几十年传唱仍经久不衰，成为经典的名曲。他凭着自己在艺术上的极高造诣，先后培养出了著名漫画家丰子恺、著名音乐家刘质平等文化大师。

但是，正当他盛名如日中天，正享荣华之时，李叔同却到虎跑寺削发为僧了，自取名法号弘一。入僧后，他一日只食一餐，而且不吃菜心、冬笋、香菇等蔬菜，理由是这些菜的价格要比其他素菜的价格要高出几倍。身上除了三衣破衲，一肩梵典外，再无长物，从来不受人施舍。挚友与弟子们供奉的净资，也被他全部用来印佛经了。由于他一心向佛，最终成为德高望众的律宗第十一代世祖。

弘一法师的一生可以精练地概括为“绚烂之极归于平淡”。平淡是一个极高的境界，也是最为真真切切的生活。平淡不是懦夫的自暴自弃，而是智者的胸有成竹；不是看破红尘后的心如死灰，而是经历风雨后的大彻大悟；不是碌碌无为地得过且过，而是从容处世的潇洒自信。平淡的生活是一种安逸、幸福的生活，它没有喧嚣的嘈杂，没有世俗的烦恼，更没有填不满的欲望，有的只有一份从容，一份平淡，淡淡的快乐，淡淡的宁静，在淡淡中享受生活的真谛。

在荷兰的一个小镇里，有一位极为普通的为镇政府守大门的农民。守门的工作是极其枯燥乏味的，但是这位农民却在这里待了整整62年。在这种普通的岗位上工作的人比比皆是，但是这个门卫正是在这个普通的岗位上做出了不平凡的成绩，最终成为荷兰著名的科学家，成为微生物学的开山鼻祖，他的名字叫列文胡克。

列文胡克在平时的工作中，一不打扑克去消磨时间，二又不泡咖啡馆，不去喝酒聊天，而是利用业余时间去打磨镜片。虽然打磨镜片既费时又费工，但是他却乐此不疲，兴趣盎然，就在这日复一日，从不间断中，一直打磨了60年，他磨出的复合镜片的放大倍数超过了当时专业技师的产品。凭借着他自己打磨出的镜片，他又潜心研究，终于发明出了显微镜，最终揭开了当时科技领域尚未知晓的微生物世界的神秘面纱。凭借着这项伟大发明，他被授予巴黎科学院院士，最终声名大震，极为平淡的他却做出了如此不平凡的成绩。

平淡是大海，博大精深；平淡是苍穹，宽广而辽远；平淡是高峰，让人览尽春色。平淡的生活能让人回归宁静，能让人不受名利的驱使、欲望的煎熬，所以那些有大作为的大师们最终都甘于回归平淡，并在平淡中取得巨大的成绩。

一位饱经沧桑的哲学家说过这样一句说："年少的时候，总觉得人生应该像大海一样波澜壮阔，才不枉走一生。但经过几十年的风风雨雨之后，才恍然大悟：人生中精彩的事情占5%，痛苦的事也占5%，剩余的90%则全部都是平淡。只可惜，人们往往会为了那5%的精彩而整日劳累奔波，为了那5%的痛苦而不停地怨天尤人，却忘记了在这90%的平淡中享受生命的快乐与幸福。"

著名作家王蒙也曾说，"我更向往自己未成名前的平平淡淡的读书生活”。类似的话，有很多体验了世间百味、经历了无数荣誉的人都曾说过。为此，我们可以说，平淡不仅仅是生活的本质，而且还是一种极高的精神境界。

6 淡泊名利是人生的一种佳境

诸葛亮在《戒子书》中说：“非淡泊无以明志，非宁静无以致远。”这句话道出了人生的许多真谛。追逐名利，是误入歧途。淡泊名利，可能平凡，但是还不至于会平庸，追名逐利，可能会风光一时，但心灵不会自由，也活不出真正的精彩来。其实，名利是身外之物，面对名利，我们要做到处之泰然，不惊不喜；失之淡然，不悲不怒。为了名利而累心累身，确实是本末倒置的傻事。

乾隆皇帝在下江南的时候，曾问金山寺的一位高僧：“长江中的船只每天都来来往往，如此繁华，一天到底要经过多少条船啊？”高僧回答道：“这里只有两条船经过。”乾隆忙问道：“怎会只会有两条船呢？”高僧答道：“一条为名，一条为利，整个江中来来往往的无非就是这两条船。”

乾隆又问道：“为何这么多人都在为名利而奔波呢？”

高僧答：“因为人活在世上，无论是贫富贵贱，穷达逆顺，都是生活在真空中，都不听从于内心的声音。他们一味地想生存发展，却都离不开‘名利’两字”。

诚然，名利的确能够给人带来巨大的物质利益，能够满足人的虚荣心。但是如果你过分地追名逐利，一定会给自己带来无尽的烦恼。萨克雷的《名利场》中的女主人公丽蓓卡·夏普便是一个例子。她一生都是在不断追求中度过的，但是到最终，她的一切心机却全部白费了。作者最终在书中以这样的伤感而又无奈的语气说道："唉，浮名虚利，一切虚空，我们这些人谁又是真正快活地活着的？谁又是称心如意地活着的？就算当时遂了自己的心愿，以后还不是照样不知足？"

其实，人在这个世界上，都是一个来去匆匆的过客而已。名与利，都是过眼云烟，生不带来，死又不能带去，与其一生为它所累，还不如活得实实在在、快快乐乐，用一颗平常心来看待它，将一切看得淡一点，再淡一点。古往今来，那些大学问家都是这样去做的，他们不屑于个人的名利，而是将全部的心血和才华投入到自己喜爱的事业之中。所以，他们一方面能够享受到心如止水的快乐，另一方面也能水到渠成地获得惊人的成就。

居里夫人一生共获得 10 次各种各样的奖金，各种奖章 16 枚，各种名誉头衔共 117 个，但是，在这些至高的荣誉面前，她都能保持一颗平常心。

有一天，一位朋友到她家中做客，看到居里夫人的小女儿正在玩英国皇家学会刚刚颁发给她的一枚金质奖章，朋友大惊道："英国皇家学会的奖章怎么能给孩子玩呢？这可是至高的荣誉呀！"居里夫人看罢，便笑了笑说道："我只是想让孩子们从小就知道，荣誉其实就像玩具一样，只能玩玩而已，绝不能永远守着它去生活，否则一辈子可能终将会一事无成。"不仅如此，居里夫人还毅然辞掉了 100 多个荣誉称号。正是她始终能在荣誉面前保持一颗淡然的心态，才使她能够获得第二次诺贝尔奖。

淡泊是一个人的修养，是一个人精神的至高境界，是一种灵魂的典雅，真正淡泊之人，心态平和，视名利如粪土，能够堂堂正正做人，踏踏实实做事，最终获得精神上的享受。

曾获 19 项国内外大奖的袁隆平说："要淡泊名利，踏实做人，才能取得一定的成就。现在少数人搞学术腐败，就是功利心、享乐心太重，急功近利，弄虚作假，到头来害人害己，只有踏踏实实地做人、做事，才能使心灵获得真正的满足。”在金钱面前，他始终仅仅只满足于基本的生活需求，对此，他解释道：“精神上丰富一点，物质上和生活上看淡一点，因为一个人的时间与精力是有限的，如果内心总想着名利，哪有心思搞科研？在吃方面以清淡和卫生为贵，在穿方面只要朴素大方就行了。如此这样才能保持身心健康，心情也才能够愉快，事业也才能取得更大的成就。”

在五光十色的现实社会中，充斥着各种各样的诱惑。对于名利这些东西，嘴上虽然是“视为粪土”，但是内心还是“看得破，忍不过，想得透，做不来”，在真正面对名利的时候，忍不住要去争一下，抓一抓，最终累心累身，实在得不偿失。所以，在生活中，我们要想活得轻松，就要淡泊名利，能够平静地对待生活，平静地对待身边的人与事，得到了就欣然接受，失去了泰然处之；在鲜花掌声中不忘形，面对冷嘲热讽也无所谓；得意时不张扬，在挫折面前也不忧伤……唯有在此种心态下生活的人，才能活得快乐和洒脱。

7 做自己的主人

康德说：“每个人都是自己的主人。”意思是说，每个人都是可以自由地支配自己的内心，并无须别人替自己做主！一个人内在的自主权是不受任何人的影响的，一旦你要别人顺从你的价值或信念，或者顺从别人的观念，你便削弱了这些价值与信念在你生活中的力量。如果你还需要得到别人赞同才能够快乐地生活，表示你已经遗忘了自己内在的自主权。所以，要做自己的主人，就要尽量靠自己的力量来帮助自己，而无须掺杂别人的任何意念或要求。

有一位佛教信徒躲在屋檐下面避雨，看到一位禅师撑着雨伞从自己的面前走过，便喊道："禅师！佛法不是教我们要普度众生吗？你度我一程如何呢？"

禅师停下来，说道："我走在雨里，你却躲在屋檐下面，而檐下又无雨，你何必需要我去度你呢？"

信徒听到禅师如此这样说，便立刻走出屋檐，站在大雨中说："我现在已经在雨中了，你应该可以度我了吧？"

禅师说道："我也在雨中，你也在雨中，我没有淋雨是因为我带伞了，而你淋雨是因为你没有带伞。确切地说，不是我度你，而伞在度我。如果你要度，不必找我，请你自己找伞吧！"

那信徒在雨中被淋得浑身难受，便说道："不愿意度我就早说呀！何必要绕这么大的圈子呢？我看佛法讲求的不是'普度众生'，而是'专度自己'。"

禅师听到此话，不但没有生气，反而心平气和地对他说："想要不淋雨，就必须要自己找伞。真正悟道的人是不会被外物所干扰的。雨天不带雨伞，一心只想着别人一定会带，自己一定能得到别人的帮助的，这种想法是害人的，总想依赖别人，自己又不肯努力，到头来必定什么也得不到。每个人都有本性的，只不过有的人还没有找到，平时也不去寻找，只想依靠别人，不肯利用自己潜在的资源，仅将眼光放在别人身上，这样如此怎么能够得到成功呢？"

信徒听罢恍然大悟……

在生活中，我们何尝不是如此：一遇到困难，第一反应就是求助于父母、朋友、同事……我们以为他们都是生命中长长的路，认为他们是可以信赖、可以依靠的人，一旦得不到帮助，便心存抱怨，万分沮丧。殊不知，他们只是生命中短短的一座桥，甚至一个过客，不是自己可以长久依靠的肩膀。

所谓“各人吃饭各人饱，各人生死各人了”。凡事皆是自作自受，唯有自己才可以改变自己的命运，自己的行为，决定自己未来的一切。凡事也要靠自己，别人是替代不得的。

另外，在生活中，还有一种人也不能做自己的主人，他们不认识自己，不知道自己是谁，自己要的是什么，所以常常很盲目地跟别人的意见去做，人家说什么自己就去做什么，最终只是活在别人的世界中，迷失自我。

有一天，法师传教经过一个村庄，村庄中突然跑出来一群人，想让他留下来。法师说：“谢谢你们过来找我，不过我已经与对面村庄的人约好了，他们现在正在等我，我现在必须赶过去。不过，等明天回来后我会有较为充裕的时间的，到时候如果你们还有什么事情找我，再一起过来行吗？”

那群人见状，口中便出污言秽语。法师依然不动声色地向前赶路。其中一个人说：“我们苦苦挽留，你却不应声。又将你贬得一无是处，你为何还是不动声色地我行我素呢？”

法师说：“假如你要的是我的反应的话，那你来得有点太晚了，你应该在十年前就过来的，那时候我可能会对你们的话有所反应。然而，这十年来，我已经不会再被人所控制，我已经不再是个奴隶了，我是我自己的主人。我是在根据自己的真实的内心在做事，而不会随便跟随别人去做出什么反应。”

法师不为外物的任何因素所困扰、所左右，只按其内心的宁静去主宰自己的行为，所以，他的世界必然是一片安宁的。所以，在生活中，当我们在面对外在事物的时候，就有责任对自己说："这对我是真实的，因为它对我有用。"这种自我肯定是相当重要的，因为没有一个人的生活与我是完全相同的，我的内心异常平静，我的思想极其独特，而且我理应如此接受它。这里，我们所说的主要意思是学会活出真正的我，并学会看到真正的别人。

8 用平常心看世界

一个人出生时原本是纯洁无瑕的，初识世界，一切都是新鲜的，眼睛看什么就是什么，人家告诉他这是山，他就认识了山，告诉他是水，也就认识了水。然而，随着年龄的增长，经历世事的渐多，我们就发现这个世界过于复杂，心中难免会浮上一层厚厚的尘埃：对周围的一切充满了疑虑、不平、警惕。山自然不再是单纯的山，水自然不再是单纯的水。一切的一切都是个人主观意志的载体，总会将简单的事情复杂化，你若处于这个阶段，不及时地拂去心灵的尘埃，只会苦了自己。

一位小和尚问禅师何谓"黄龙三关"，老禅师就告诉他：世间原本山就是山，水就是水；在修禅之时，山便不再是山，水不再是水；修成之后，山仍然又是山，水仍然又是水。

弟子很是不解，问道："这是什么意思呢？"

禅师解释道："最先的状态和最后的状态是相似的，只是在过程中截然不同。最初，我们看到山就是山，最后看到山还是山。但是在这个过程中，山不再是山，水不再是水，为什么会出现这样的情况呢？"

弟子当即摇头，表示不知道。

禅师继续说道："因为你的一切都被你的思维、意识搅乱了、混淆了，好像阴云密布、云雾缭绕，遮住了事物的本来面目。但是这种混淆则只是存在于当中的过程。在沉睡中，一切都是其本原；在三昧中，一切又恢复其原本的状态。正是关于世界、思想、自我的认识使简单的事物复杂化了，这正是我们人类不幸和地狱的根源。"

弟子自以为明白了禅师的解释，就唉声叹气说道："哎，这么说起来，这与一些凡夫俗子和修禅的开悟者也没有多大的区别啊！最终看到的都是真实的山与水。"

"是这样的，实在没有什么区别，只不过开悟者离地六寸罢了！"禅师说道。

听起来，禅师所说的修禅的最高境界不过与世间的刚入世的凡夫俗子一样，山是山，水也是水，眼中看到的什么就是什么，但是，真正历经事世的繁杂之后，有几个人能在社会的大染缸中做到看山是山，看水是水呢？在生活中，我们从别人简单的一句话或许能够看到别人"暗藏的心机"，从某个人的穿着打扮中就可以看出对方是否是为了引起谁的注意，甚至从别人极为单纯的眼神中就能看出对方是否对你怀有好意……如此以来，我们的想象力也是太过于丰富，真是太过于聪明了，再也看不到山的青翠，看不到水的清澈。如此以来，我们的内心何尝会不累呢？

在生活中，我们经常会有这样或那样的烦恼，也常常是因为看山不像山，看水不似水的缘故。有人看到一个年轻漂亮的女人挽着某个巨富的胳膊，就会想这个女人一定是利用自己的美色去引诱人家，心里会愤愤不平，不了解人家，却又从内心中去鄙视她。在这样的人的眼中，美的事物就不再是单纯的美，而被自己的一些思维所干扰，这样只是在凭空给自己增添烦恼，这又何必呢？实际上，我们时常感到不快乐，就是因为缺乏欣赏事物原本真实面目的能力，缺少一颗平常心。

同样地，在生活中，我们总是会忽略我们原本可以享受到的安宁。开始休息的时候，就不自觉地会考虑孩子没有考出好成绩而苦恼，想起那个能力不及自己的人却比自己职位高而愤愤不平，想起来自己不再健美的身材而担心……因为我们是如此敏感，所以才让自己失去了原本的快乐，皆因自己缺少了一颗平常心。

要拥有一颗平常心，就要不停地修练，努力使自己达到人生的第三重境界，终有一天，你会茅塞顿开，回归自然。在这个时候就会专心致志做自己应该做的事情，不会与旁人有任何计较。面对芜杂的世俗之事，便会一笑了之，这样你的内心便不会有过多的繁杂的忧虑，看山又是山，看水又是水了。正所谓：人本是人，不必刻意去做人；世本是世，无须耗尽精力去处世；事也本是事，无须去追求尽善尽美。这便是真正的做人与处世了。

生活有其原本的面貌，面对一切世事，只有看淡了，看平常了，烦恼就不会存在了，因为很多事情都是生活的必然。请静思下来，问自己：一辈子做人，怎样才能算是做好了人？一辈子处世，如何算得上是成功的处世？人生在世，无非是让人笑笑，偶尔去笑笑别人；曾经沧海过后，再去回顾以前的事情，无非是云淡风清，不过也只是反复不停地日升日落罢了。

9 宠辱不惊，没有什么不能坦然

生活中，所有未知的事情都蕴涵着积极的一面，只要我们能坦诚相待，就会发现所有的事情都能迎刃而解；但是如果先入为主地用消极颓废、悲观沮丧的心态猜想未知，那就注定一事无成。

古语有云：宠辱不惊，闲看庭前花开花落。古人尚且懂得这样的道理，作为后人的我们，更应该养成宠辱不惊的心理状态，坦然面对可能发生的所有事情。然而，在现代社会中，很多人在得失面前总是显得会表现出无所适从的茫然。这样最终让自己丧失了快乐的资格，丧失了乐观的天性。我们每个人固然左右不了周围的环境，但是却都可以选择自己的心情，可以说，选择快乐是生命的赢利，放弃快乐是生命的亏损。因此，无论身处怎样的境地，我们都应当尽量宠辱不惊，这样你才能平稳心态，体会快乐。快乐是决定命运航船的舵，变换心境就等于变换生命。选择乐观地对待一切，还是选择悲观地对待一切，结果可能就会完全不同。

杰西从加州某大学毕业了，被美国冬季征兵活动选中，将参加最危险的海军陆战队。得知这个消息后，他非常紧张，每天都是忧心忡忡。

杰西的爷爷看到了他这个样子，决定和他聊聊天。他对杰西说："孩子啊，其实你没必要这么忧心忡忡的。到了海军陆战队，你将有两个机会，一个是留在内勤部门，一个是分到外勤部门。如果你分到了内勤部门，就完全用不着去担惊受怕了，那些工作都是很轻松的。"

爷爷的话，并没有让杰西放松，他说："爷爷，去哪个部门也不是我自己选的啊！要是我被分配到了外勤部门呢？"

爷爷笑着说："那也没关系。即使去了外勤部门，你还是有两个选择，一个是留在美国本土，另一个是分配到国外的基地。如果你被分配到美国本土，那又有什么好担心的！"

"那要是我去了国外呢？"杰西继续说道。

"这样啊，那你还是有两个机会。第一个，被分配到和平而友善的国家；第二个，你被分配到海湾地区。如果是前者，那么你就什么事情都不会有。"

杰西着急地说："可是，我要是真的去海湾了呢？那我不就完蛋了吗？"

"这怎么可能？如果你留在总部，而不是上前线，那么也不会有事。"

"那我要是上前线了，这该怎么办？假设我还受了伤，那我以后该怎么生活？"

"受伤也分程度的。也许你只是轻伤，根本无碍的。"

杰西还是不满意，说："那要是不幸身负重伤呢？"

"那很简单，要么保全性命，要么救治无效。如果还能保全性命，还担心什么呢？"

杰西最后问道："天啊，要是救治无效，那我该怎么办啊！"

爷爷听完，大笑着说："这更简单了。你人都死了，还有什么可担心的呢？"

与爷爷相比，杰西显然在生活的智慧上还有很大差距。杰西的爷爷始终明白这样一个道理：无论人生面临什么样的际遇，都会有这样两个机会，一个是好机会，一个是坏机会。好机会中蕴涵着坏机会，坏机会中蕴涵着好机会。问题的关键是我们以什么样的眼光、什么样的心态、什么样的视觉来对待它。

对那些天性乐观开朗、心胸旷达、心态积极的人来说，他们能够坦然面对即将到来的事情，因为在他们的眼里，两个都会是好机会；而对那些习惯于悲观沮丧、心态一贯消极的人而言，则两个都只是坏机会，因此也将自己置于悲伤之中无法自拔。

在生活中，因为我们习惯了得到，不习惯失去，只是一味地后悔、埋怨与喋喋不休，最终才给生活留下了不少伤感、痛苦与怨恨。如果能以乐观的心态去看待失去，那么，人生就会少些痛苦，多些快乐。

一位和尚到河边去挑水，他的桶有点漏，滴滴答答，一路都在往下漏水。路边的人看到他，提醒他说："你这么辛苦挑了一担水，可水桶是漏的，等走到寺院恐怕会漏掉小半桶了，为什么不换个桶呢？这样多浪费力气呀！"和尚坦然一笑说："没有浪费力气，你回头看一看，这桶里漏的水不是都浇了这一路的花草吗？你瞧，它们长得多好啊！"

这是对"得""失"心态的最好的解释。世界上没有什么不能坦然的事情，关键是以什么样的心态去面对。面对失去的，就要及时调整心态、豁达胸襟，敢于面对现实，认真分析形势，以求进一步的得到。世界上没有永恒，也没有绝对，如果为得失耿耿于怀，不能自拔，就走不出"失"的阴影，看不到"得"的危险，只会让我们与快乐无缘。

宠辱不惊，这是一个健康人士的应有心态。学会以坦然、乐观的心态去看待世事的发展，你才能够获得内心的平静，赢得别人羡慕的"快乐人生"。

第九章 人之所以会迷惘，是因为丢了梦想

——敞开心境，收获希望的阳光

每个人都有对前路感到茫然的时刻，周遭骤然变得晦暗起来，人也开始畏缩，迟疑着不敢向前踏进一步。这时候，我们只需敞开心扉，重新找回那遗失的梦想，心灯就会骤然亮起，一切便可以恢复正常，乐观与自信可以再度鞭策我们一路向前。

其实，任何人、任何事都可以是照亮你心灵的一盏明灯，适时适地地映照着你前进的步伐，给予你不停向前行动的决心与勇气。

1 别让碌碌无为的心态毁了自己

在生活中，有这样一群人，他们享有财富，但是不懂得珍惜，出手大方，配备名车，举办各种派对，每天都生活在纸醉金迷之中，心中难免会感到迷惘和恐惧！

的确，财富是用来享受的，但是却不能因为拥有大量的财富而让自己碌碌无为。否则，长久持续地这样生活，养成了享乐的心态，内心是得不到真正的快乐的。物质的享乐，只能给自己一时的满足，但心灵上却依然是空虚的。人生在世不过几十年，碌碌无为的一生，只会让自己的生命失去价值，让灵魂空洞，让生活失去色彩。

相传，老子在经过函谷关时，将自己的专著《道德经》留在了当地的府衙之中。

有一天，一个年逾百岁、鹤发童颜的老翁到府中问他："先生，我听说你博学多才，因此，我有几个问题想请教你一番！"

老子同意了老翁的要求，于是，老翁问道："今年我 105 岁，大家都叫我老寿星。可是说实话，从小到大，我一直都游手好闲地度日。与我同龄的人都很有作为，他们都开垦了百亩沃田，但是到头来却还没有一席之地；建了几舍房屋到最终却没有容身之地。而我虽然一生不稼不穑，却还吃着五谷；虽然有置过片砖只瓦，却仍然居住在避风挡雨的房舍之中。"

说着，老翁露出了得意的笑容，说出了自己最想说的话："我现在是不是可以嘲笑他们忙忙碌碌劳作一生，最终却换来一个早逝呢？”

老翁想，这个问题应该可以难倒老子了。谁知，老子却微微一笑，对老翁说道：“老先生大人，麻烦您帮我找来一块砖头与石头。”片刻，砖头和石头就被呈了上来。老子说道：“如果现在让你从中选择一个，您是要砖头还是石头？”

老翁听罢哈哈大笑起来，最终指着砖头说：“我当然是择取砖头了。”老子也跟着笑着，问道：“你为什么选择砖头呢？”

老翁却不以为然地说：“这还不简单吗？因为石头没棱又没角，取它何用呢？”

老子又转身来问围观的其他的人：“你们是要石头还是要砖头？”

“砖头，砖头！”大家异口同声地叫了起来。这时，老子却心平气和地说：“那我再问问你，是石头的寿命长呢，还是砖头的寿命长呢？”

众人都不假思索地说：“肯定是石头！”

这个时候，老子才慢慢说道：“你也知道石头寿命长，可是为什么选择寿命短的砖头？它们的区别，不过是有用和没用罢了。天地万物莫不如此，寿命虽短，于人于天都有益，天人皆择之，皆念之，短亦不短；寿虽长，于人于天无用，天人皆摒弃。”

老子如此的一番话，说得老翁顿时大窘，异常佩服老子对人生的理解。

人生就如同石头与砖头一般，想要问为什么，关键就看自己的选择。石头虽然轻松，但是它感受不到生命的任何精彩；而砖头能够在各个领域中发挥自己的优势，这是石头从不可能体会得到的。在短暂的生命中做出成就来，远比在长久的生命中碌碌无为要精彩得多，人生的真谛也是如此。活要活出意义来，没有任何意义的人生，即便活得再长，也无法创造价值，只是在虚度光阴，让自己的灵魂空虚罢了。

有一个和尚，在寺庙中整天念经，经常感到心烦。

在一天夜里，他做了一个奇怪的梦，梦见自己去阎罗殿的路上，看到一座金碧辉煌的宫殿，同时，宫殿的主人看到他后，就请他留下来居住。

小和尚说："我每天都忙于念经和学习佛法，现在每天只想吃、想睡，我非常讨厌看书。"

宫殿主人答道："如果是这样的话，那么世界上再也没有比这里更适合你居住的了。我这儿有丰富而美味的食物，你想吃什么就吃什么，不会有人来打扰你。而且，也保证没有经书给你看，你也不用去刻意领悟佛法！"

听罢此话，小和尚就高高兴兴地住了下来。

在开始的一段日子中，小和尚每天除了吃，就是睡觉，感到异常地快乐。但渐渐地，他觉得有点寂寞和空虚，于是就去见宫殿主人，就抱怨道："这种每天吃吃睡睡的日子过久了也没有多大意思，我对这种生活已经提不起一点兴趣了。你能不能给我找几本经书看看，或者时不时地给我讲几个佛祖的故事听呢？"

宫殿的主人答道："对不起，我们这里从来不曾有过这样的事，你还是待在这里面好好地享受吧！"

又过了几个月，小和尚感到内心空虚极了，就又去找宫殿的主人："这种日子我实在是过不下去了。如果你再不给我经书念，我听不到佛法，我宁愿去下地狱！"

宫殿的主人轻蔑地向他笑了笑："你以为这里是天堂吗？这里可是真正的地狱呀！"

人活着就需要思考、需要劳动，如果你整天生活在安逸之中，衣食无忧的，表面上看似享受，其实无异于活在地狱中。长时间将自己浸泡在安逸之中，人也无异于行尸走肉。

一个人最可怕的行为，就是丧失了理想，没有了进取心，一味地只想着去享受。这样只会让你越来越堕落，不会珍惜你得到的东西，也不会对周围的事物心存感激，更不容易得到满足；而通过努力获得成就，会让你体会到收获的快乐，珍惜自己所拥有的，对周围的事物心存感激！因此，无论你是腰缠万贯的富豪，还是一贫如洗的穷困人，永远要记住，只有树立自己的理想，做出真正的成绩，才能切实地体会到生命的本质。我们可以在经济上贫困，但绝对不能让自己的精神上也打折。所以，我们要时刻反省自己是否处于碌碌无为的状态之中，是否也甘愿长期生活在安逸之中，尽早让自己从迷惘的状态之中觉醒，让自己在创造与奋斗之中感受到生命的真正精彩！

2 心中有梦想，便不会迷惘

一位美国哲人曾这样说过：很难说世上有什么做不了的事，因为昨天的梦想，可以是今天的希望，并且还可以是明天的现实。梦想对一个人是极为重要的，它是生命的支撑。一个没有梦想的人，就像一个断了线的风筝一样，没有任何的方向和依靠；就像大海中一艘迷失了方向的船，永远无法靠岸。你的梦想决定了你的人生，只要心中有梦想，心便永远不会感到迷惘。

一位成功人士在回忆他的人生经历时说：“我在小学的时候，有一次我考试得了第一名，老师就送给我一张世界地图，当时高兴极了。跑回家就开始看这张世界地图，十分不幸，那天轮到我为家人烧洗澡水。我就一边烧开水，一边在火炉边看地图。当我看到埃及的时候，心中异常地兴奋，因为在学校的时候，就听老师说埃及有金字塔，有艳后，有尼罗河，有法老，有很多神秘的东西，当时我就心想，长大以后如果有机会我一定要去埃及。”

“当我看得出神入化的时候，爸爸从浴室中冲出来，身上裹了一条浴巾，大声对我说：‘火都熄灭了，你在干什么？’我说：‘我在看世界地图，听老师说埃及有……’我的话还没说完，爸爸就生气地给我两个耳光，然后就说：‘赶快生火，那地方有再多的东西，我也保证，你这辈子也永远到不了那个地方！’说完后，就一脚把我踢到火炉旁边去。”

“我当时看看我爸爸，惊呆了，心想：‘我爸爸怎么给我这么奇怪的保证，我这辈子真的永远到不了埃及吗？’心中顿时感到十分迷惘，心中感到异常地失落。但是，我又想，我这辈子一定要到埃及去，证明爸爸的说法是错误的！”

“随后，以后的20年中，我心中十分坚定地知道，我的梦想就是有一天能到埃及去。我的朋友都告诉我：‘你到埃及去干什么？’那时候还没开放观光，出国是极难的。我对我的朋友说：‘因为我的生命不能被保证！那是我心中十分坚定的梦想！”

“经过20年的努力，我终于有一天到了埃及，就坐在金字塔前面的台阶上，买了一张明信片寄给爸爸。我这样写道：‘亲爱的爸爸，我现在在埃及的金字塔前面给你写信。记得你小时候曾经给我两个耳光，并保证我以后永远到不了这么远的地方来。现在，我就坐在这里给你写信，也异常感激你，正是你的那个保证，让我这几十年的时光过得极为充实，心中从来没有迷惘过，因为我有坚定的梦想！”

梦想在一个人的生命中是极为重要的东西，因为只有梦想才可以使我们有希望，只有梦想才可以让我们时刻保持充沛的想象力与创造力，才使你的生命不会虚度，那些不良的情绪也不会打扰你，心中也不会感到迷惘，最终才能收获更为丰富的人生。

今年已经101岁的布里姆博士每天都能保持着年轻人的冲劲与活力。一天晚上和朋友一起到公园散步时，听到公园中的音乐，便兴致盎然地跟着哼起了小调。

“抬头看着远处，”他对朋友说道，“到处是高楼大厦，我觉得这个城市最伟大的地方是，它随时都在改变，在不断地进步！”

朋友又问他对于现在年轻人的看法，他说：“我感谢上帝，使这个世界有了这些年轻人！他们现在真的不错，比我们那时候要聪明、懂事多了。他们将会为我们创造一个新的世界，我也正期待着一个新世纪的来临！”

很难想象，一个101岁的老人也正在期待一个新世纪的来临！那天，他与朋友逛了许久。夜已深了，朋友向他抱歉说这么晚了还让他在外面待着。他说：“没关系的，我常常半夜里才睡。但是，明天我会找时间休息的。我在很久以前就发现，遇事不能勉强自己，你也应该学会这一点，年轻人。明天，我要照常早起：轻松自在地吃顿早餐，再看看报纸。如果在报纸的讣告上看不到我的名字，我就会上床再睡一觉！”

布里姆博士将每一天都当成生命诞生的第一天，每天都让自己心中充满希望，尽管这一天也可能有许多的麻烦事情等着他；他将每一天都当作生命的最后一天而珍惜。人只要能认真地生活，性格就会变得极为乐观以及更坚强，并充满希望。那么，那些所谓的不良的情绪就再也不会扰乱你的内心了！

对于每个人来说，每一天都是崭新的一天，每一天都充满新的希望。有希望就有期待，当我们养成一种习惯，每天期待一件惊喜的事情发生，那么，我们的期待，就没有一天会落空。也就是说，我们内心希望得越多，得到的意外喜悦就愈多。如果一个人内心每天都充满了希望，那么他还有什么理由,有什么时间去叹息、去悲哀、去烦恼呢?所以,在生活中,当你失意的时候,不妨就多给自己一点希望,就像有人说的那样,当你又一次失恋的时候,请不要悲伤,而要高兴,因为你终于结束了对于双方来说都是折磨的生活,而等待你的生活则可能是充满着无限的可能性的!永远都抱着希望生活,让自己每天都生活在开心之中不比什么都好吗?

人生是有限的,希望却是无限的。生活中有太多的因素我们是无法控制的,但是快乐却掌握在我们自己的手中。我们不能控制际遇,却可以把握自己;我们无法预知未来,却可以把握当下;我们不知道自己的生命有多长,但是我们可以安排当下的生活;我们左右不了变化无常的天气,却可以调整自己的心情。只要活着,就会有希望,只要每天给自己一个新的希望,我们的人生就一定会是快乐而精彩的。

3 为自己的人生做一个规划

世事是无常的,自然的花开花谢,人世的生离死别,都是大自然无法逆转的规律。我们要想让自己精彩地过好每一天,不让自己沉沦在虚拟的幻想中,就要及早为自己的人生做一个规划,这样才能时刻提醒自己要勇猛精进,才不至于等到生命离去的时候才后悔人生的虚度!

有一天傍晚时分,老和尚安静地坐在寺庙中,他的弟子就围绕在他的周围,听他讲道。

老和尚看着眼前的弟子们,慈祥地说道:“世界上共有四种马:第一种是绝等的良马，主人为它配上马鞍，套上辔头后，它奔跑的速度快如流星，能够日行千里。尤其可贵的是，当主人一扬起鞭子，它只要见到鞭影，便能够知晓主人的心意，迟速缓急，前进后退，都能够揣度得恰到好处。这就是深受世人称赞的能够明察秋毫的一等良马。”

“还有一种马也是好马，当主人的鞭子抽过来的时候，它看到举起的鞭影，但是它不能马上警觉。等鞭子扫到了它尾巴的毛端时，它才能够知晓主人的意思，便会马上向前奔驰飞跃，也可以算得上是反应灵敏、矫健善走的好马。”

“第三种则是一种庸马，不论主人多少次扬起鞭子，它看到扬起的鞭影，不但不能迅速地做出反应，甚至等皮鞭如雨点般地抽打在它的皮肉上，它始终都无动于衷，反应极为迟钝。等到主人鞭棍交加，将皮鞭落到它的肉躯上时，它才能够察觉到，然后才会顺着主人的命令向前奔跑，这等马是后知后觉的庸马。”

“第四种则是一种驽马，当主人扬起手鞭之时，它也视若无睹；即便是将鞭棍抽打在他的皮肉上，它也仍旧毫无知觉。直至主人盛怒之极，它才能如梦初醒，放足狂奔，这种马是愚劣无知的驽马，因为它的冥顽不化，最终不受人喜爱！”

老和尚将话说到这里，突然就停顿下来，眼光极为柔和地扫视着周围的众弟子，看到弟子们聚精会神的样子，心中极为满意，继续用庄严而又平和的声音说道：“弟子们，这四种马就分别对应的是四种不同的人生。第一种人看到自然无常变异的现象，生命陨落的情况，便能够悚然警惕，奋起直进，努力去创造一个崭新的生命。第二种人则是看到世间的变化无常，看到生命的大起大落，也能够及时地鞭策自己，从不懈怠。第三种人则是等看到自己的亲友经历颠沛流离的人生，经历过死亡的煎熬后，非要等到亲尝到鞭杖的切肤之痛后，方能翻然大悟。第四种是当自己病魔侵身，四大离散，风烛残年的时候，才悔恨当初没有及时努力，在世上空走了一趟。就像第四种马，非要受到彻骨的剧痛后，才知道奔跑，然而，一切却已经都晚了！”

四种马代表了四种不同的人生，我们要想不让自己不沦落为第四种马的悲惨结局，就要及早地为自己的人生做一个规划，这样才能时刻激发自己不断前进，才不至于使一切都结束的时候，才去懊悔人生的虚度！

早期的太空英雄巴兹·奥尔德林在自己成功地登陆月球后不久就精神崩溃，他的亲朋好友都对他的遭遇感到极为困惑，因为奥尔德林在登月之后，其感情和家庭方面都应很春风得意。

几年后，奥尔德林在他撰写的一本书上回答了周围人对他遭遇的这种疑问。奥尔德林这样写道：“导致我精神崩溃的原因很简单，因为我忘了自己在登月之后，自己以后该做些什么！自己如何才能继续生活下去。”

这就是说，奥尔德林除了登月这件工作之外，在其他方面没有任何的目标，对自己的人生从来没有做过规划。所以，他一回到地球，便无法在真空中找到一个属于自己的生活方向，最终使自己的精神处于崩溃的边缘。

在生活中，有些人在前进的道路上步步向前，极为充实；而有的人则止于中途，让心灵感到迷惘，其主要原因就在于，后者没有为自己的生命做好一个规划。卡耐基说过：“我非常相信，及时地为自己的人生做个规划，是获得心理平静的最大的秘密，因为我心中时刻充满了信念。而我也相信，只要我们能定出个人规划来，什么样的事情都是值得我去做的。并且我能够清楚地知道自己的下一步该去做什么，我需要过一种什么样的生活。如此一来，到少可以消除掉我50%的忧虑！”

他的这种说法就像我们登山一样：如果是一条我们曾经走过的熟悉的道路，或者我们在出发之前仔细阅读过地图，便可以知道前面有一些什么，知道再走几百米就可以休息，再走多远就有一处美丽的风景，这样有规划地走起来，会觉得自己的全身都充满了力量。如果我们的前面是一条完全陌生的路，那么，我们可能走几十米就会感到气喘吁吁，最终把自己累得苦不堪言。

有一位年轻人找到一位智者，向他倾诉自己对目前的工作不满意，希望能拥有更适合于自己工作，并能最终做出一番事业来，但是他苦恼不知道如何才能改善自己目前的状况。

了解到他的状况后，智者便问他："你想往何处去呢？"

"关于这一点，我自己实在也说不清楚，"他就犹豫了一会儿。回答道，"我从来没有思考过这件事情，只是想着要到不同的地方去。"

智者问道："你做过的最好的一件事情是什么呢？"随后又接着问他，"你最擅长的是什么？"

年轻人回答道："不知道。给你说吧，关于这两件事，我也从来没有明确地思考过。"

"假定现在的你必须要自己做一番选择或决定，你想要做些什么呢？你最想追求的目标是什么呢？"智者追问道。

年轻人极为茫然地回答道："我现在真的说不出来，我真的不知道自己想做些什么。虽然我也曾觉得应该好好计划一番才是……"

智者说："那我可以这样告诉你，现在你想从目前所处的环境中转换到另一个地方去，但是却不知该往何处去，这是因为你根本不知道自己能做什么，想做什么，你从来没对自己的人生做出过规划，这样即便你再换一个环境，也会出现这样迷惘的状态。"

在前进的旅途中，我们要合理地对自己的人生做出合理的规划，一定要详细地了解自己，清晰地知道自己究竟需要什么，追求什么？我们目前做的事情是否与自己的规划一致？这样才不至于使自己在半途中突然停滞下来，感到迷惘。

我们自从来到这个世界上，一生都是在赶路的，而路时刻就在自己的脚下不断向前延伸。只有知道方向的人，才能在人生空间的坐标中找准自己的位置，才知道自己为何要向那个方向前进。而不清晰方向的人，则永远不知晓自己的具体位置，不知道未来要去向何方，更不知道自己存在的意义。所以，从现在开始，请为我们的人生做出一个合理的规划，为生命的每一天都列出一个清单，并努力踏着你的规划向前，相信这样，你永远不会感到迷惘，最终也能收获到梦想的果实，获得有意义、快乐的人生！

4 远离幻想，只有动手才有收获

诺贝尔文学家获得者赛珍珠曾说："我从来不去刻意地等待好运的来临。如果你一味地等待，不仅不能完成任何事情，还会使你的内心陷入无比的焦灼之中。我们必须要记住，只有动手才能有所收获。"在生活中，很多人之所以会在人生的旅途中一再失败，是因为他们只想轻松地收割，只将希望寄托于好运上面，从来不愿意去辛勤播种和耕耘。殊不知，世界上是不存在能够外在的可以主宰吉凶、祸福的东西的。

有一天，一个衣衫褴褛、满身补丁的年轻人走过一所大楼的工地前面，看到一位衣着体面的大老板在指挥现场的工作。他便鼓起勇气向对方请教："我如何才能像你一样有钱呢？"

这老板看到年轻人甚感意外，低头打量了一下小伙子，问道："你是做什么的呢？为何如此狼狈？"

年轻人说："我现在没有工作，只是想利用更多的时间去探究成功人士的成功秘诀。希望这样可以让自己找到成功的捷径。我已经拜访过好多个成功人士了，但是终无所成，内心异常地焦虑，希望你能够告诉我！"

老板听到此话，哈哈笑了起来，随后就给他讲了一个小故事。

在一个开凿渠道的工地上，共有三个工人。一个整天都懒洋洋地拄着铲子，天天用不屑的口气对其他的两个人说，自己将来一定要做老板；第二个工人则是天天抱怨工作时间太长，得到的报酬低；而第三个工人从来没说过什么话，只顾每天低头努力挖渠道。

两年以后，第一个工人仍旧在拄着铲子，依然每天都在不停地嚷着自己以后一定要当老板；第二个则找了个借口退休了，从此不再干活了，生活当然变得很惨了；而第三个工人，最终不仅成了那家公司的大老板，而且还让公司的发展更上一层楼。

最后这位老板说："年轻人，不要再将自己置于幻想之中了，还是好好埋头苦干吧！"

看到年轻人满脸的疑惑。大老板又看了看四周，回过头来指着那些正在架子上工作的工人，对男孩说："你看到那些正在干活的人了吗？他们全都是我的工人，我虽然无法记住他们的名字，甚至对很多人都没有印象。但是，你仔细看他们之中，只有那边那个穿红衣服，脸晒得红红的家伙，以后可能会出人头地的。因为我很早就注意到他，他每天都比其他工人早上班，而且干活比谁都卖力。"随后，大老板就笑着说："我现在要请他过去做我的监工，我相信，从今天开始他会更加卖力的，说不定在几个月后就会成为我的得力助手。"

是的，唯有行动可以改变你的命运。很多人都喜欢痴心妄想，总是只说不干，或者等待着幸运会从天上掉下来，或者只等待着别人能够拉自己一把。最终招来的只是空虚的焦虑和无尽的失望。

当然，人对于自己的一生当然要抱有美好的幻想和憧憬，但是，这种幻想和憧憬切不可能只靠着突破和等待去实现的，最终那些功能名就的都是用行动解决问题的人。他们依照正确的原则把握人生的主动权，做了自己需要做的事情，并最终达成自己的目标。

最后，我们千万要记住英国人布莱克的叮咛："只会想象而不去行动的人，只会生产无尽的思想垃圾。成功是一架梯子，双手插在口袋里的人是永远不可能爬上去的。"

5 告别颓废，一切由自己决定

有人说，人生的命运就好似一个雕像，而磨难则犹如一把锋利的雕刻刀，人则是用这把刀来刻画命运的雕塑家。一尊好的雕像的诞生，必须要经过磨难的洗礼，更需要雕塑家的坚毅和深沉的内在性格作支撑。所以，我们在前进和追求的过程中，遇到磨难的时候，一定不要让自己消沉，将自己掩埋在颓废之中。因为命运永远掌握在你自己的手中，要想达到最终的目标，就要及时振作起来，练就雕塑家的坚毅与深沉的性格。

查姆斯是美国著名的一位推销员，他在担任某公司的销售经理时，一些居心不良的人士到处散布他所在公司发生财务危机的谣言。谣言一传出，促使公司内部销售员工的向心力与工作热情大减，最终导致公司的整体业绩也开始下滑。

由于情况较为严重，查姆斯为了挽救局面，不得不召开一次大会。在会议刚刚开始时，他首先请业绩最好的几位销售员站起来，要他们说明一下近来公司销售量下滑的原因。这些销售员一一都站起来，不是将原因归咎于经济不景气，就是抱怨公司内部的广告做得不到位，再不就是说近来市场上消费者对产品的需求量不大。

听完他们所列举的种种困难后，查姆斯突然站起来要大家肃静。然后接着说："停，我们的会议暂停 10 分钟，我现在要把我的皮鞋擦亮一些。"

紧接着，他将公司附近的一名小鞋匠带到会议室中来，把他的皮鞋擦亮。参加会议的销售人员都不明白他的举动到底是何用意，禁不住窃窃私语。

而那位小鞋匠利索地擦着皮鞋，表现出了最为专业的擦鞋技巧。

等皮鞋完全擦亮后，查姆斯就递给了小鞋匠一美元钱，然后开始重新发表他的演说，他对所有的人说："我希望你们每个人好好看看这位小鞋匠，他每天都要擦上百双皮鞋，可以为自己赚取足够的生活费，并且每月还可以存下一些钱。他曾经告诉我，他将擦鞋的工作已经当成了一项艺术来做。同他在一起的还有另一位小男孩，年纪要比他大些。比他大一点的这个男孩每天都很尽力，但是，仍然无法赚取足够的生活费。现在，我想问你们一个问题，那个大男孩拉不到生意，是谁的错？他的错，还是顾客的错呢？"

"当然是那个孩子的错。"大家异口同声地说道。

"这就对了！"查姆斯回答，"现在我要告诉你们，这个时候与一年前的情况是完全相同的，同样的地区，同样的对象以及同样的商业条件，你们的销售业绩却远远比不上去年，这到底是谁的错？是你们的错，还是顾客的错？"

全体推销员都站起来，又发出雷鸣般的回答："都是我们的错！"

查姆斯说："我极为高兴你们能够坦率地承认你们的错误，现在我要明确地告诉你们的错误在哪里。你们一定是听到了公司财务发生问题的谣言，才动摇了你们的销售理想，影响了自己的工作热情。不是由于市场不景气，而是你们的推销工作不如以前那样卖力了。现在，只要你们回到自己的销售区去，并保证在30天内提高自己的销售业绩，公司就绝对不会出现财务危机，你们能够做得到吗？"

"做得到！"几千名员工一起大声地喊起来。最终，他们果然办到了，还使公司的业绩突破了历年来的最高纪录。

一位哲学家说："人来到这个世界上，做任何事都要全力以赴。哪怕是最为卑微的职业，只要你全力以赴，便能做得最好。"即便像故事中的小鞋匠那样，将擦鞋当作一项艺术来做，全身心地投入进去，内心便不会感到迷惘，也就能远离一些消极的情绪了。如果我们每个人都能够全身心地投入到自己的工作中去，即便你的能力再一般，也可以取得最好的成就。

我们的热情完全掌握在我们自己手中的，只要时刻用一颗热忱的心去面对生活，对待事业，便能够告别颓废，重塑理想。

⑥ 专注于一个目标，才不会瞎忙

俗话说：凡事预则立，不预则废。制定一个正确的目标后，还要专注于你的目标，你才能心无旁骛地直线前进，才不会因为贪恋路边其他的风景而瞎忙，最终白白浪费了许多宝贵的时光。

一天，弟子们与禅师一起在田中插秧。一上午过去了，弟子们插的秧看上去总是歪歪扭扭，而禅师插的却整整齐齐，就如尺子量过的一样。

弟子们看到后感到极为疑惑，就问禅师道："师父，你是如何将禾苗插得那么直的？"

禅师笑着说："其实这很简单，在插秧的时候，眼睛只要盯着一个东西，这样就能插直了。"

听了师父的话，弟子们就都卷起裤管，按照师父说的，开始高兴地插完了一排秧苗，但是，这次插的秧苗，竟然成为一道弯曲的弧线。

这是怎么回事呢？弟子们十分不解。于是，禅师就问弟子们："你们眼中是否只盯住了一样东西呢？"

"是呀，我盯住了那边吃草的水牛，那可是一个大的目标呀！"有一个弟子如此说。

禅师笑着说："水牛边吃草边向前走，而你在插秧苗的时候也会跟着水牛来回移动，等于你选择了一个会来回移动的目标，这样如何能将秧苗插直呢？"

这时候，弟子们才恍然大悟。这次，他们就选定了远处的一棵大树。插完一看，插出的一排排的秧果然都很直。

做任何事情一定要首先选定正确的目标，然后再专注于这个目标，才能有效率地将事情完美地完成，才不会让自己瞎忙。

有一位哲人如此这样说，哪怕是最弱小的生命，只要将全部的精力集中到一个目标上也会有所成就。而再强大的生命如果将精力分散开来，最终也只会一事无成。你有聪明睿智的大脑，有横溢的才华，但是，你若无法在前进的过程中专注于自己的正确的目标，总是三心二意，等于是在瞎忙。不仅白白耗尽了自己的精力，浪费了自己的时间，最终也只会一事无成，让心处于迷茫之中。

在南美洲的亚马孙河边，有一群羚羊在河边悠然地吃着青青的水草。一只猎豹则远远地隐藏在草丛中，竖起耳朵四面旋转。它们已经觉察到了羚羊群的存在，于是便悄悄地、慢慢地靠近羊群。越来越近了，突然羚羊也有所察觉了，就开始四散地逃跑。猎豹就如百米运动员那样，瞬时爆发，像箭一般地向前冲向羚羊群。它的眼睛一直盯着一只未成年的羚羊，不停地向前直追过去。

羚羊为了逃命，跑得也飞快，但是豹子却跑得更快。就在追与逃的过程中，猎豹超过了一只又一只站在旁边观望的羚羊。它没有掉头改追离自己更近的猎物，而是一个劲儿地向那只未成年的羚羊疯狂地追过去。最终，那只羚羊已经跑得很累了，豹子也跑得很累了，在累与累的较量中，最终只能比各自的速度与耐力。终于，猎豹的前爪就搭上了羚羊的屁股，羚羊迅速地倒在了地上，豹子便向着羚羊的脖子狠狠地咬了下去。

在自然界中，一切肉食动物在选择追击自己的目标时，总是选择那些老弱病残的，而且一旦选定目标，一般都不会轻易地放弃。因为中途转向其他目标只会使自己损耗掉更多的精力，从而更难以达到自己的目标，最终只会一无所获。

所以，在生活中，我们也要借鉴动物的这种智慧。当我们在追求的过程中，一旦确定了自己的目标，就要专注于它，因为人的精力毕竟是有限的，真正的赢家会将自身的精、气、神集中于一击，这样才更容易达到自己的目标。

有人曾问爱迪生："成功的第一要素是什么呢?"爱迪生如此这样回答："能够将你身体与心智的能量锲而不舍地运用在同一个问题上而不会厌倦的能力……我们每个人整天都在做事。假如你早上7点起床，晚上10点睡觉，你做事就做了整整15个小时。对于绝大多数人而言，他们肯定是在做一些事情。而我则是每天只做一件。"

订书钉是我们工作中经常用的工具，然而，你在使用的过程中有没有想过，上百张纸摞在一起，连异常锋利的刀也极不容易一次性地穿过，那么，那短短细细、看起来一点也不坚硬的订书钉，居然能够一下子穿透那厚厚的一摞纸?其主要的原因就在于订书钉是将所有的力量都用在了两个点上，能够集中精力去达成目标。

如果一个人非常努力只想将所有的事情都做好，那他最终只会一事无成。要在有限的生命中完成一流的事业，就必须要有所选择，有所坚持，有所放弃，集中全部的精力专注地去做一件事情。

在现实生活中，有些人看起来很聪明，他们整日忙忙碌碌，能够同时做很多事情，给人的感觉是非常能干，但是到最后，这些人并不能真正做成什么事情。反而，一些看上去能力一般，没什么出众才能的人，却能够成就一番伟大的事业。这都是因为他们能专注于自己的目标，内心从不彷徨，也不迟疑，集中精力奋斗到底。

一个人围着一件事情去转，到最后世界可能都会围着你转；但是一个人围着全世界去转，最终全世界可能会将你抛弃。在前进的道路中，一切浅尝辄止、见异思迁者的内心是迷惘的，最终也收获不到成功的果实。只有当你准确地选择好属于自己的“一件事”，并全身心地投入到那“一件事”中，不轻易放弃，也不轻易改变前进的方向，只有这样，内心才不会迷茫，最终才会有所收获。

7 每个人都有无尽的潜能

跳蚤是世界上最善跳的动物，它有惊人的能力，能跳过其身高 100 倍以上的距离。但是，动物学家曾做过这样一个极为有趣的试验：抓一群跳蚤放在玻璃杯中，再将其用透明的玻璃盖住。每只跳蚤都开始不停地奋力往上跳，但是每跳一次都会撞到玻璃盖。一个小时以后，跳蚤却依然在跳。但是因为撞痛过几次以后，就会将自己跳起的高度再降低一点，这样就不会撞到盖子了。3 天以后，动物学家再将透明的玻璃盖拿掉，再观察跳蚤的行为，却发现每只跳蚤都还不停地在往上跳，但是却没有一只能够跳到玻璃杯外面来，因为它们已经“习惯”了轻轻地向上跳。

在生活中，我们在前进的过程中，也经常给自己的心灵设限，将自己固定在一个特定的圈子中，总是习惯性地否定自己，以至于被恐惧扼住了心灵，最终让自己在困难面前痛苦挣扎，不得解脱。

实际上，我们每个人都是有无限的潜能的，你缺少的就是尝试的勇气。

有一位数学老师，每天都给自己班上能力弱的学生三道题目，让他们回家练习。

有一天，一个学生拿到题目后却发现老师多给了他一道题目，而且最后一个题目似乎已经超出了自己的能力范围。

这位学生就这样想："长久以来，老师一直都只给我三道题目，也许是老师看到我的成绩有所进步，所以就想增加一些难度来让我练习。"

于是，志在必得的他，满怀信心地演算起业。前三道题目他如往常迅速地将之解决，然而到了最后一道题目，他却陷入迷惘，完全想不出解题的方法。但是他未曾放弃，完全把自己沉浸在思考中，终于在清晨的鸡鸣声中，他找到了答案。但是，他感到十分内疚，因为他居然花了那么长时间去解答那道题的答案，实在有负老师的精心栽培。

但是，最终当他将解答题交给老师时，老师却一脸吃惊地问他："你是如何解答出来的呢？"原来，最后那道题目在数学界流传了许久，一直无人能够解答出来。那天，老师十分不小心抄错了纸张，反而成为这个学生的作业之一。更令人意外的是，这个平时被他看作是能力较弱的学生却将之解决了。当他将"难题"解答出来的时候，老师的心中顿时也觉悟到：其实，每个人都有无限的潜能。

那个被老师称为能力较弱的学生，却做出了惊人的壮举，说明了人的潜能是无限的，只要努力去尝试，没有什么不可能。

所以，当我们处于困境中，一定要坚信自己，消除那些阻碍我们前进的消极的思想，努力去尝试，就一定能够让自己摆脱困难，走出迷惘的状态。

罗杰·罗尔斯自小出生于美国贫民窟中。一般情况下，在那儿出生的孩子，长大后是很少能够获得一个体面的工作的，但是，罗尔斯是个例外。他最终不但顺利地考入了大学，而且还成为美国纽约州的州长。就在他的就职记者招待会上，罗尔斯向大家讲述了他的奋斗史，他的成功的动力源于他的小学校长皮尔·保罗的一句话。

当年，皮尔·保罗被聘为大沙头区诺必塔小学校长，当他满怀信心地第一次走进这个小学的时候，他发现这儿的贫孩子比“迷惘的一代”还要无所事事。他们经常缺课、打架斗殴，甚至还砸烂教室的玻璃和黑板。

看到当前的状态，皮尔·保罗决定改变一下。而他改变的秘诀是“鼓励”。其中，罗杰·罗尔斯就是其中的一位“受益者”。有一天，当罗尔斯从窗台上面跳下来，伸着小手走向讲台时，皮尔·保罗却对他说：“我一看你修长的小拇指头就知道，你将来一定会成为未来纽约州的州长。”

罗尔斯当即大吃一惊，他自己长这么大，只有奶奶说过他将来有可能会成为一个5吨重的小船的船长。对于皮尔·保罗先生的称赞，罗尔斯着实有些意外。于是，他就永远地记下了这句话，并且相信了它。也就是从那天起，小罗尔斯的衣服上不再沾满泥土了，他说话时也注意礼貌了。他开始挺直腰杆走路了，在以后的40多年的时间中，他没有一天不按州长的身份去要求自己。果然，就在他51岁那年，真的就成为纽约州的州长，且是美国纽约州的第一位州长。

在他的就职演说中，罗尔斯这样说道：“在这个世界上，信念这种东西任何人都可以免费获得，所有成功者最初都是从一个极为小的信念开始的。正是当初皮尔·保罗对我说的那句话，让我从小就拥有了一个坚定的信念，在漫漫的人生旅途中，它一直激励着我，直至使我有了今天的成就。”

罗尔斯是幸运的，因为在他还来得及重新开始自己的奋斗旅程时，皮尔·保罗就给他小小的心灵种植了一个信念，最终将他的潜能激发了出来。其实，我们每个人都如罗尔斯一样，都是有无限的潜能的，只要秉持坚定的信念，就一定可以达到自己的目标。

卡耐基曾说:“人的潜能都是无限的,人当它释放出来的时候,连我们自己也会感到惊讶,因为我们通常都认为那是自己不可能做到的事情。这种能力的爆发，有时候是需要强烈的刺激的，有时候是需要坚强的意志的。”所以,当我们处于人生的困境中时,一定不要过于担心自己面对的问题太困难,也别太害怕自己前面的路会困难重重,不要给自我设限,只要肯想办法去解决,任何困难与问题都会有答案,关键是自己一定要有必胜的信念。

8 摒除杂念,全力向前

有时候,我们在生活面前会犹豫迷惘,消极沮丧,主要是源于我们面对眼前的种种折磨或诱惑,意志变得不够坚定。就像那些辛苦要减肥的人,当面对美食的诱惑时,意志力忽然松懈下来,脑海中会立刻出现“大吃一顿”的欲望。这时候,如果其意志不够坚定,让满足口腹的欲望在心中肆意膨胀,很快就可以看到自己的身材“恢复原样”了。

当我们身在困境中,我们内心似乎还会有更多的渴望,然则,正是这些不切实际的杂念,往往成为我们登上人生顶峰的最大阻碍。

有一位年轻人刚刚走出校门,便去找心理学教授。他对大学毕业后何去何从而感到彷徨。他向教授倾诉自己遇到了诸多的烦恼:没有考上研究生,不知道自己未来的方向在哪里;女朋友将要去一个人才云集的大公司上班,很可能会移情别恋……

教授听罢微微一笑，就让他将所有的烦恼一个个地都写在了纸上，并让年轻人判断自己的所有担心是否是真实的，并将结果记在旁边。

经过实际的分析，年轻人竟然发现自己的所有困扰都是不真实的，看着眼前的那张困扰记录，不禁说道："无病呻吟！"教授注视着眼前的一切，微微对他点头。并接着对他说："你看到过大海中的章鱼吗？"年轻人茫然地点了点头。

"有一只章鱼，在大海中本来可以自由自在地游动的，寻找食物，欣赏海底世界的美丽景致，可以享受到生命中丰富的情趣的。但是，它却给自己找了一个珊瑚礁，然后将自己困在绝境之中，你觉得你是否像那条章鱼呢？"

年轻人说："真的很像！"

于是，教授就提醒他说："当你陷入烦恼的习惯性反应时，就要记住你就是那条章鱼，要松开你的八只手，才能让自己自由地游动。系住章鱼的是自己的手臂，而非海中那些珊瑚礁的枝丫。"

在现实生活中，很多人都如故事中的年轻人一样，在前进的道路上无端地让自己内心生出许多烦恼，然后将自己困在绝境之中，动弹不得。其实，就如那位教授所说，许多烦恼都是自己造成的，只要你松开手，就能够在水底自由地游动。在生活中，我们所做的每一件事情，都会有两道墙会出现在自己的前方，一道是外显的墙，那是关于整个外部大环境的围墙；而另一道是我们内心所隐藏起来的墙，这是我们心中为自己所设限的墙，而决胜的关键就要看你是否能用坚强的意志去突破心灵中藏着的那道墙。

国际著名的登山家罗赛尔，曾经在没有携带氧气设备的情况下，成功地登上海拔高达 6400 米以上的高峰，这其中还包括世界第二峰——乔戈里峰。

其实，世界上许多的登上高手就以不携带氧气瓶登上乔戈里峰为自己的第一目标。但是，几乎所有的登山高手只登到海拔 6000 米左右处，就无法继续前进了，因为这里的空气极为稀薄，人几乎会感到窒息。所以，对登山者来说，想要靠自身的体力与意志力独自去征服乔戈里峰峰顶，确实是一项极为严峻的考验。

然而，罗赛尔却突破了种种障碍达到了目标。他在接受记者采访时，说出了自己在前进中经历的过程。

罗赛尔认为，在突破海拔 6400 米的登山过程中，他最大的障碍就是内心各种翻腾的欲念。因为，在攀爬的过程中，你头脑中的任何一个小小的杂念，都会松懈人内心原本坚强的意念，转而变得渴望呼吸氧气，慢慢地让人失去征服的冲动与动力。随而，“缺氧”的念头就会产生，最终让人放弃征服的意志，接受失败！

罗赛尔说：“想要登上峰顶，首先要学会清除内心的各种杂念，脑子中的杂念越少，你的需氧量就会越少；你的杂念越多，你对氧气的需求就便会越多。所以，在空气极度稀薄的状态下，必须要排除内心的一切欲望与杂念！”

在生活中，很多人费尽心机无法成功，其主要的原因就是自我设限，因此人们常说“自己是自己最大的敌人”。一个人也只有靠自己的意志力，勇于摒除脑海中的各种杂念，才能战胜困境，成为最后脱颖而出的人。

在前进的过程中任何的停滞与迟疑的念头，都会让人忘记前进，甚至失去了起步时勇往直前的冲劲。所以，要想步向成功，必须摒除各种杂念，努力往前跨出步伐，勇于突破并且超越现状。

要摒除杂念，实现自我突破的重要的一点就是要面对现实，确实地了解自我并清晰地认清环境，在自我与环境中摸索出突破的方向。

同时，还要审视自我的优势、加强自我优势，当你发挥自我优势时，你就会对自己愈有信心，成就感随之而来，你的信念就会越强，做事的活力也会源源不断地出来。如此一来，当你遇到困难，不但不会退缩，反而更能激起你突破的热情，直至成功！

已经走到半山腰的你，你还记得开始出发时对自己喊加油的声音吗？找回你盎然的活力，全力向前冲刺，就像罗赛尔所说，只要忘记杂念，只要坚守住最初的梦想，只要发挥自身优势，并坚守住起步时非成功不可的意志，我们最终都能够告别迷惘，迎向充满希望的未来！

9 告别迷惘，开启自己的智慧

每个人都是一座取之不尽用之不竭的宝藏，它就存在于人的本性之中。只不过迷惘的人觉悟不到自己竟然如此富有而已，不知晓自己亲自动手去挖掘，反而一味地向别人乞讨。

每个生命都是圆满的、纯真的，这就是佛教中所说的“如来藏”，意思是从娘胎里面所带来的觉悟性，但是世人却不知道这个觉悟性的可贵，一味地到处去寻找，最终使自己长久地处于迷惘之中，不知所向。就好比我们在学习的过程中需要老师的指引，但是老师只会指给你学习的方法，剩下的是需要靠你自己顺着老师所指导的方法去寻找答案了。如果你一味地指望老师的指导，不懂得去审视自己，主动去开启自己的智慧，那么，你的内心就一定会是迷惘的。

曾经有一位乞丐，衣衫褴褛地在路边行乞了三十多年。

一位陌生人经过，这位乞丐机械地举起他的行乞杯子，可怜兮兮地说："给点儿吧。"

陌生人问道："我没有钱，也没有什么东西可以给你。"然后看看他的身后，便问道："你坐着的箱子里面是什么东西呢？"

乞丐回答说："只是一个旧箱子而已，里面什么也没有，我记得从我记事起，就一直坐在它的上面。"

陌生人问道："你打开过箱子吗？为什么不打开看看里面是什么呢？"

乞丐这样回答道："不用打开了，里面什么也没有！"陌生人坚持道："打开看一看吧！"

乞丐这才试着慢慢地打开锁在箱子上的生锈的锁，令人意想不到的事情却发生了，箱子里面装满了钱物。

乞丐行乞 30 年，却因为他并没有停下来检讨一下自己行乞的行为，使自己的人生过得极为悲惨。如果他能用一点点的时间来审视自我，审视自己所拥有的东西，也就不会再在迷惘的人群中行乞了。

芸芸众生何尝不是如此，因为不懂得去审视自己，所以才让内心的迷惘遮掩了自己的心智，从而使自己忘掉我们的本心本性原来是如此的富足。然后，又让自己忙忙碌碌、糊里糊涂、穷困潦倒地奔波在人生的道路上。殊不知，自己却拥有无尽的财富，那就是自身本心本性，自身所潜藏的无穷的智慧。

有这样一个故事：

有一位青年人，极为穷困潦倒。有一次，他去拜访自己以前的一位显贵的朋友。

朋友看到他，极为怜悯他的潦倒，就热情地款待了他，他极为高兴，喝得酩酊大醉，并在酒席上酣然睡去。但是不巧的是，这时朋友刚好有急事，需要出一趟远门,眼看着自己的朋友醉得不省人事,便把一颗非常昂贵的宝珠,缝在青年人的衣服里,然后就匆匆忙忙地离开了。

穷青年当时烂醉如泥,并不知道这件事情。第二天,酒醒之后,却看到自己的朋友没在,就随即起身离开了。

几年以后,这个穷青年却依然一贫如洗,依旧过着漂泊流浪的生活。后来,一个极为偶然的机会,他又遇到了自己的那位富有的朋友。对方看到他衣衫褴褛的样子,不禁流泪叹息道:"你怎么这么可怜呢? 你的衣服中有一颗昂贵的宝珠,为什么还一直流落在街头! "

穷青年听到后,极为吃惊。朋友就告诉他那颗宝珠缝在衣服的什么地方,穷青年终于在自己的衣服中发现了宝珠。从此以后,他就结束了流浪的日子,置了田,买了房,过上了富有而快乐的生活。

在这里,"衣珠"象征人本心本性的智慧,而富有朋友则像征人的生命。众生被迷惘的心智所遮蔽,以至于从不去体察自己、认识自己,最终会使自己更为迷惘,会使灵魂更为悲惨。

就如佛家所云:"衣珠历历分明,只管伶俜飘荡",因愚昧而忘却了自己原本珍贵的"衣珠"是人生极大的迷妄,它使原本自足的人生产生了众多的缺憾,我们只有认识到生命中原本具有的"衣珠",勇于开启自己的智慧,主动体察自身,才能使生命结束迷惘,获得圆满自足。

10 肯定自己，你也是一颗钻石

在前进的道路上，无论发生了什么事情或者将要发生什么，请记住一点：我们从来不会失去自己作为一个人的价值，没有什么能够拿走它。

其实，每个人都有极大的价值，但是真正认识到这一点的人却不多。在我们内心中，我们的价值有多大，我们就会发挥出多大的价值来。在生活中，我们从来不会发现一个自认为毫无价值的人能够获得成功。每个人都是无价之宝，我们要用钻石的眼光来审视自己，这样才不至于使自己的内心一直处于迷惘之中，才不会使自己一直在贫困线上不停地挣扎。

世界上伟大的推销员乔·吉拉德的衣服上通常都会佩戴一个金色的"I"字。有人曾经问他："这个字是不是表示自己是世界上最为伟大的推销员？"他回答说："不是的。因为我是我生命中最为伟大的！"

乔·吉拉德一直认为，这个世界上没有人会比自身更为伟大，自己就是自己最大的财富，"我的声音与气息都是与众不同的"。其实，他的这种自我肯定的坚定信念来源于他的生活经历。

在乔·吉拉德35岁的时候，还是一个彻头彻尾的穷光蛋，他甚至连自己的妻子与孩子的吃喝问题都很难解决。但是，偶然的一次演讲会却改变了他的命运。

在演讲会上，一个演讲者拿出一张崭新的10美元钞票，向坐在前排的他问道："你想得到这张10美元钱吗？"他当即就举起了手臂说："想要！"

演讲者又说："我会将这张 10 美元钱给你的。但是在给你之前我一定要将之弄一下。"说着，演讲者就把那张钞票揉皱了，接着问他："你还想要吗？"

乔·吉拉德又一次高高地举起了手臂，并坚定地说道："要！"

"好吧，"演讲者继续道，"我要是这样弄它呢？"当演讲者将那张钞票丢到地上，用脚使劲地踩过后，将它再次捡起来时，它已经变得又皱又脏了。

"现在你还要吗？"演讲者又问他。乔·吉拉德又坚定地举起了自己的手臂，仍然说："要！"

"好啦，不管我如何虐待这张钞票，你仍然还想要。因为你也知道它虽然表面上看上去很惨，便是它的价值却没有减损，它依然还值 10 美元！"演讲者对他说。

乔·吉拉德当即就明白了，充分认识到了"自己"这个最大的宝库，从此开始，他就不停地向成功靠近，最终成为"世界上最伟大的推销员"。

同样，在生活中，由于我们一时的决断失误或是环境的影响，我们会多次地摔倒、被击垮甚至被摔得粉碎。这时候，我们可能会恢心丧气，可能会顿时觉得自己一文不值，但是实际上，无论在自己身上发生了什么事情，我们都从来没有失去自身的价值。只要勇于肯定自己，以坚定而乐观的态度去面对一切的困难险阻，那么，你的内心便会再次充满梦想，便能再次创造巨大的辉煌。

美国联合保险公司董事长克里蒙·史东说："要祛除内心的迷惘，就一定要肯定自己。"所以，我们无须抱怨周遭人、事、物对自己的折磨，如果我们愿意用意志去掌握命运，绝对可以让自己的人生再度发挥价值。

联合保险公司董事长克里蒙·史东自幼丧父，因为早早地体恤母亲持家的辛苦，从小便懂得以外出打零工来补贴家用。

有一次，当他走进一家餐馆准备向客人叫卖报纸时，却被餐馆的老板赶了出来。然而，史东却一点也不想放弃，他就趁着餐馆老板不在意的时候，又偷偷地溜了进去。只是他的脚才刚刚踏进去，就被餐馆的老板发现了。餐馆老板一气之下就在他身上狠狠地踹了一脚。

对此，史东只是轻轻地揉了揉屁股，便又拿起手中的报纸，再次向在场的客人叫卖。因为客人看他勇气十足，便纷纷劝请老板给他行个方便。于是，蒙史东那天虽然被踢得很痛，但是口袋里却装满了钱。

从小，史东便有极强的进取心，遇到困难从不唉声叹气，也从不叫屈。一旦确定了目标，便不会轻易放弃。在他中学的时候，他就开始投入保险行业，刚开始，他所遇到的困难与自己当年卖报的情况一样。但是，他却经常安慰自己说："自己是最棒的，反正做了又没什么损失，然后就会立马去行动！"

于是，他便鼓起了莫大的勇气，一次次地走进城市的一间又一间办公室中。终于，他卖出了一份又一份的保险。在他 22 岁那年，他便成立了一家自己的保险经纪公司，开业的第一天，他就在繁华的大街上卖出了第一份个人保险。接下来，他不断地突破自己的纪录，曾经创下每四分钟交一份保险合同的奇迹。

克里蒙·史东的成功就来自于他勇于在磨难和挫折面前自我肯定。在这个实力决定竞争的时代，在抱怨别人不够重视自己之前，一定要先审视一下自己：究竟有多少能力，有没有及时肯定自己的价值，有没有在跌倒之后再站起来的决心与勇气。不管时境如何变迁，只有不肯轻易否定自己的人才不会败下阵来，才会受到别人的重视，才能被鲜花与掌声所萦绕。

总之，漫漫人生长路，只有肯定自己才能使生命更显完美。所以，在生活中，当我们面临巨大的苦难与挑战时，一定要肯定自己的价值，然后才能发出钻石的光芒。一旦摆脱困境之后，你就能深刻地体会到一种“闲看庭前花开花落”，宠辱不惊的悠闲，那一种“漫随天外云卷云舒”的轻松，才能让生命在自由的空间中无拘无束地游弋。

11 将绝望当作下一次希望的开始

一位哲学家说：“在人生绝望的那一刻，往往是新的希望的开始。一切危机的尽头，往往是转机，山穷水尽的地方，往往会柳暗花明。”也就是说，这个世界上从来没有真正的绝境，有的只是绝望的思维，只要心灵不干涸，就能摆脱迷惘，看到光明的希望。

在智利的北部有一个叫邱恩宫果的小村子，这里西临太平洋，北靠塔卡拉玛干沙漠。由于本地特殊的地理环境，使太平洋冷湿气流与沙漠上的高温气流终年交融，形成了多雾的气候。但是浓雾却丝毫滋润不了这片干涸的土地，因为白天极为强烈的日光能将浓雾蒸发。

一直以来，这处长久被干旱征服的土地上，看不到一丝绿色，人们几乎也看不到一丝生机。几年后，加拿大一位名叫罗伯特的生物学家在进行环球考察的过程中，意外地发现了这片荒凉的土地。

看到如此干涸的土地，他很是好奇，就在当地住了下来。不久后，他就发现了一种十分奇导的现象：这里除了蜘蛛几乎看不到任何其他的生物。这里处处蛛网密布，蜘蛛四处繁衍，生活得极好。这位生物学家顿时对这里的蜘蛛产生了好奇，为什么只有蜘蛛才能在如此干旱的环境中生存下来呢？后来，罗伯特就借助电子显微镜，他发现这里的蜘蛛具有很强的亲水性，很容易吸收雾气中的水分，这里的雾水就是这些蜘蛛在这里生生不息的源泉。

后来，在智利政府的支持下，罗伯特就根据蜘蛛的吸水性原理，研制出一种人造纤维网，选择当地雾气最为浓厚的地段排成网阵，就这样，穿行其间的雾气被反复地拦截，最终形成大量的水滴，这些水滴滴到网下的流槽里，经过过滤、净化，就成了可供生物成活的新的水源。

如今，罗伯特的人造蜘蛛网平均每天可截水达到一万多升，如果是在浓雾天气，每天可以截水十多万升，不仅满足了当地居民的生活之需求，而且还可以灌溉土地，让这片昔日满目荒凉、尘土飞扬的荒漠中长出了鲜花与青绿的蔬菜。

这个世界上本没有真正的绝境，再荒凉的土地，也会变成生机勃勃的绿洲。所以，我们在遇到困境时，一定不要尽早地让心灵干涸，将心中的梦想熄灭。要知道，人在失意的时候，体内沉睡的潜能最容易被激发出来。只要你换个角度看世界，要将绝望看作是下一次希望的开始，也许就能发现机会就在你失意的拐角处等着你！

毕维斯原本是个极为优秀的播音员，但是有一天，因为与老板发生口角被老板一气之下解雇了。当时，他的心情相当地沮丧，一回到家中，便一言不发，将自己关在房间里。

一个小时过去了，他却满脸笑容地走了出来，并十分开心地对老婆说：“亲爱的，我终于有了一个自立门户的机会！”

第二天，毕维斯就自信地走了出去，并迅速地成立了一家自己的传播公司。

不久后，他凭借自己幽默的主持风格，制作了一个“风趣人物”的节目，并亲自主持。从那时开始，毕维斯就成为美国电视荧屏上的风云人物，取得了巨大的辉煌成绩。

后来，毕维斯还将自己的这段奋斗过程，撰写成了一本激励人心的书籍——《是的，你能》。在书中，他这样写道："每一次的挫折后面都隐藏着无限的机会，只要你能积极地站起来，就能够看到前面希望的曙光。"

那些最终走出困境的成功者，都是被困难无数次地击倒后还仍旧积极进取的人。毕维斯在失意后，及时消除了内心的种种消极的情绪，看到了困境背后所隐藏着的曙光才让自己迅速地走出了迷惘，摆脱了困境。所以，在现实生活中，当我们身处绝境的时候，一定要转变心态，不要将自我禁锢在眼前的困苦中，要看到危机后所隐藏着的时机，努力重新开始。当你看到希望在未来展现时，便能够抓住信念的圣火，赢来新的转机。